建筑工程施工与测量技术

顾洪波 郝志翔 周增强 主编

吉林科学技术出版社

图书在版编目（CIP）数据

建筑工程施工与测量技术 / 顾洪波，郝志翔，周增强主编. -- 长春：吉林科学技术出版社，2020.11
ISBN 978-7-5578-7910-5

Ⅰ. ①建… Ⅱ. ①顾… ②郝… ③周… Ⅲ. ①建筑测量 Ⅳ. ①TU198

中国版本图书馆CIP数据核字（2020）第226427号

建筑工程施工与测量技术

主　　编	顾洪波　郝志翔　周增强
出 版 人	宛　霞
责任编辑	邓长宇
封面设计	李　宝
制　　版	宝莲洪图
幅面尺寸	185mm×260mm
开　　本	16
字　　数	220千字
印　　张	10.25
版　　次	2020年11月第1版
印　　次	2020年11月第1次印刷
出　　版	吉林科学技术出版社
发　　行	吉林科学技术出版社
地　　址	长春净月高新区福祉大路5788号出版大厦A座
邮　　编	130118
发行部电话 / 传真	0431—81629529　　81629530　　81629531
	81629532　　81629533　　81629534
储运部电话	0431—86059116
编辑部电话	0431—81629520
印　　刷	北京宝莲鸿图科技有限公司
书　　号	ISBN 978-7-5578-7910-5
定　　价	50.00元

版权所有　翻印必究　举报电话：0431—81629508

前 言

  时代的进步伴随着人们需求的不断提升，在城市化改革愈演愈烈的今天，建筑行业也进入到高速发展的时期，特别是在当前时代下，公众对于居住的需求，不仅仅表现为居住条件的需求，更表现为安全的需求。这就需要建筑企业在施工阶段强化质量管控方法。而测量技术就是一种比较科学的管控方式，而且随着技术的完善，其运用也逐渐广泛，对于整体工程质量的管控将带来重要的意义和价值。

  市场经济的影响带动着城市化改革，而建筑工程行业的兴起则受到城市需求以及商业需求的影响。质量问题往往需要贯穿到整个施工流程中，而相应的把控方式包含即加大施工前预防、施工中处理以及施工后弥补，特别是对于预防工作，则是保证减少工程质量问题的关键，当然，要保证对安全问题的提前预防，则需要通过工程测量取得相应的数据作为主要参考依据。而就此，笔者将通过本书，就建筑工程施工的测量技术应用方面入手，将展开具体的分析与研究。

  当前时代背景下，信息网络的快速普及带动着各行业的发展，对于工程测量而言，产生的技术改革与影响也是有目共睹的，即如当前测量设备已经包含一些信息收集设备，如地面、空中测量仪器能够精确获取施工相关的参数数据，进而保证施工的效果。另外，当前工程施工发展趋于高效化、高需求、精准化的发展趋势，而结合信息技术的诸多测量设备往往能够发挥更大的效用，即如全站设备、激光准直设备还有数字信息测量技术等等。加大以上技术手段的普及，往往能够在增强施工速度的同时，横向增加工程的效果。当然，卫星定位、GPS测定等一些先进的技术引入，则可以最大幅度减少工程任务量，从而减少相关人员工作任务，以实现施工的高效化。

  总而言之，工程测量是施工中必不可少的阶段，也是开展施工前的必要准备，把握测量工作的效果则往往会对后期施工效果产生较大的影响。而且科技的革新也带动着技术的进步，而工程测量技术的革新则体现在测量设备的更新换代，而这也是保证测量精确性与高效性的重要基础，值得施工企业重点关注与重视。

目 录

第一章 建筑工程 ... 1
- 第一节 建筑工程框架结构 ... 1
- 第二节 建筑工程竣工结算 ... 3
- 第三节 建筑工程框架结构工程 ... 6
- 第四节 建筑工程质量检测 ... 9
- 第五节 建筑工程框架 ... 11
- 第六节 建筑工程安全监理 ... 14
- 第七节 建筑工程的质量控制 ... 16
- 第八节 建筑工程造价的控制要点 ... 19

第二章 建筑工程施工的基本理论 ... 22
- 第一节 建筑工程施工质量管控 ... 22
- 第二节 浅谈建筑工程施工技术 ... 25
- 第三节 建筑工程施工现场工程质量控制 ... 27
- 第四节 工程测绘与建筑工程施工 ... 29
- 第五节 建筑工程施工安全监理 ... 32
- 第六节 建筑工程施工安全综述 ... 36

第三章 建筑工程施工技术 ... 39
- 第一节 高层建筑工程施工技术 ... 39
- 第二节 建筑工程施工测量放线技术 ... 41
- 第三节 建筑工程施工的注浆技术 ... 44
- 第四节 建筑工程施工的节能技术 ... 47

第五节　建筑工程施工绿色施工技术················50

　　第六节　水利水电建筑工程施工技术················53

第四章　绿色建筑施工技术································56

　　第一节　绿色建筑施工质量监督要点················56

　　第二节　绿色建筑施工技术探讨······················59

　　第三节　绿色建筑施工的四项工艺创新··············62

　　第四节　绿色建筑施工的内涵与管理················64

　　第五节　绿色建筑的施工与运营管理················66

　　第六节　绿色建筑施工的原则、方法与措施··········69

第五章　智能建筑施工技术································72

　　第一节　BIM在智能建筑设计中的实施要点··········72

　　第二节　智能建筑创新能源使用和节能评估··········74

　　第三节　建筑电气与智能化专业实验室··············77

　　第四节　智能建筑施工与机电设备安装··············81

　　第五节　科技智能化与建筑施工的关联··············83

　　第六节　综合体建筑智能化施工管理················86

　　第七节　建筑智能化系统工程施工项目管理··········90

　　第八节　建筑装饰装修施工管理智能化··············93

　　第九节　大数据时代智能建筑工程的施工············96

第六章　建筑工程装饰装修技术··························99

　　第一节　建筑工程装饰装修质量通病················99

　　第二节　建筑工程装饰装修设计问题················102

　　第三节　建筑工程装饰装修施工的关键技术··········104

　　第四节　住宅建筑工程装饰装修施工技术要点········106

　　第五节　建筑工程装饰装修细部构造注意事宜········108

第七章 建筑工程施工管理 112
第一节 建筑工程施工的进度管理 112
第二节 对建筑工程施工现场管理 114
第三节 建筑工程施工房屋建筑管理 116
第四节 建筑工程施工安全风险管理 119
第五节 建筑工程施工技术优化管理 121
第六节 建筑工程施工技术资料整理与管理 124

第八章 建筑工程测量技术概述 126
第一节 建筑工程测量技术的问题 126
第二节 建筑工程测量技术及测量要点 129
第三节 建筑工程测量技术应用实践 131
第四节 建筑工程测量对工程质量的作用和意义 134

第九章 建筑工程测量技术实践应用研究 136
第一节 现代建筑工程测量技术的运用 136
第二节 BIM技术在建筑工程施工测量中的应用 139
第三节 测绘测量技术在建筑工程施工中的应用 141
第四节 精度控制在建筑工程测量技术中的应用 143
第五节 GPS测绘技术在建筑工程测量中的应用 146
第六节 数字化测绘技术在建筑工程测量中的应用 149

参考文献 152

第一章 建筑工程

第一节 建筑工程框架结构

建筑工程框架结构的安全性与稳定性在建筑工程中的应用得到了广泛的认可，但是框架结构的施工过程仍然存在着不足之处，对工程的整体质量产生着影响。因此，加强建筑工程框架结构科学设计、以及建筑工程的施工技术分析对建筑建设的发展有重要意义。

目前，我国建筑行业正在快速发展的过程中，人们对于建筑质量的提高有了更多的期待和要求。建筑技术水平的提高不仅是满足人们的需求，也正是符合建筑工程的发展需要。

一、建筑工程框架技术的特点

在进行建筑工程的过程中，框架结构施工占领着重要位置，若框架在施工中出现问题，不仅建筑框架在质量标准方面不达标，建筑质量也会受到很大的影响。所以要求技术人员在进行设计之前要必须了解框架结构的特点，是设计人员在建筑工程中必须要具备的基本素质。当前的建筑工程结构正朝着高层及超高层建筑的方向发展，高层建筑在框架结构方面比普通建筑各方面要求更高，在普通建筑中的框架结构设计方法也无法适应高层建筑的标准，必须在此基础上加以改善。这给框架结构技术带来了新的特点。高层建筑中竖向构件带来了逐层累积的压力，想要压力被有效地承受，就必须要有较大尺寸的墙面及柱体承受压力。提高高层建筑中的框架结构承载力变得特别重要。同时高层建筑中还要特别注意加强承受地震荷载以及风荷载等荷载，这些荷载对与建筑的高度非常敏感度，都属于非线性竖向分布荷载。根据具体施工要求完成施工。

二、钢筋在工程施工中的问题

钢筋在工程施工过程中属于基础性施工材料，同时也是在施工过程中有着重要作用的施工材料。钢筋与建筑框架的设计与施工的关系密不可分，加强钢筋施工技术也是保证工程框架稳定性的必要条件。在钢筋实际施工的过程中，其中存在问题较多的方面是质量问题，问题主要包括；选择使用的焊条规格、型号不准确，钢筋焊接接头出现弯折问题，箍筋的实际具体尺寸达不到要求等。以上这些问题都需要进行解决，不然会对整体框架质量造成很大的影响。在钢筋加工完成之后，也会出现钢筋的板扎、成品的保护中的质量问题，主要包括：钢筋的数量与类型并没有达到要求的标准，钢筋垫块没有提前进行稳固或者是准备不充分，以上问题如果没有解决或有遗漏便继续施工的话会导致后续施工的质量问题。一点点尺寸的偏差，细节的忽略都会对框架结构整体的安全性与施工质量造成影响。

三、模版工程技术分析

模版工程中存在的主要问题是施工时间短，楼层的楼板依然处于羊湖的阶段。所以承受载荷的能力有限，导致施工中载荷的种种不确定性，有的甚至超过了混凝土结构的正常使用状态。垫层施工完成之后，进行每天定时的对水平基础依照轴线测量，用基础平面测量尺测量需要的各个边线并做好标记。有效地保证了模版的硬度及稳固性，提高了模版的施工负载以及施工载荷负载。拆除模版的过程中要按照顺序进行拆除，后续支立的先拆，支撑的部分先拆掉，先支立的后拆。主体结构施工应该保证立杆立于坚实的平面上，在安好上层模板和支架后能承受对应的载荷不会被压垮。否则整个结构体系会被影响不能正常施工。

四、对混凝土技术的分析

做好了原材料的选择工作是对所有进场材料的一份保证。其中做好混凝土的工作非常重要，混凝土包括不同类型，其强度也有不同。以及包装、出场日期都需要进行严格的把关与检查。选用合格的混凝土、控制好混凝土的用量、搭配好混凝土的比重。这几个问题是在混凝土的角度，解决框架结构施工技术的问题。严加注意这几个问题可以避免一些必要的损失。合理的控制配合比可以提高水泥的强度以及混凝土的易性。这会增加造价，并且会增加混凝土的体积和用水量的变化。为了确保合理的造价，工作人员还要对掺入的水泥量有很好的控制。并且控制在水泥用量的允许范围之内。而在浇筑混凝土方案的时候首先应该通过审批，在可能出现的问题中都会要有对应的解决方案以确保最佳的计算结果。对模版的位置、截面尺寸、标高进行标准的控制，与设计相吻合。

在建筑施工设计的过程之中，框架结构设计是基础的设计，但也是建筑施工中的重点内容。建筑工程框架结构的质量保证、顺利完成决定着建筑工程的整体稳定性以及整体质量。想要建筑工程顺利地进行并完成，首先保证钢筋、混凝土等主要材料的质量，还要构建出好的框架结构设计，其次各个环节的问题都要予以重视，建筑结构工程师必须要进行科学的框架结构设计，以科学的方式打造出高质量的建筑工程。

第二节　建筑工程竣工结算

本节主要分析了建筑工程竣工阶段结算流程的实际现状，重点突出了结算流程环节在整个工程中的重要性以及对于建筑公司的实际意义，它对于建筑企业来说，能够帮助企业明确资金状况，帮助企业进行发展。通过对建筑工程的竣工结算阶段进行研究，本节列举了几点注意事项，以期为建筑企业在结算阶段提供建议，帮助企业实现经济效益最大化。

建筑工程竣工结算对施工单位的收益影响巨大，竣工结算过程是否清晰完整正规，将直接决定了企业的发展和经济稳定。近年来，随着我国建筑水平逐渐增高，建筑行业的不断发展带动了我国经济的发展，而建筑行业也涌现出了一大批新技术与新标准。而对于建筑工程竣工结算这一流程来说，更需要发、承包方对其给予高度重视，同时要进行思想上的革新和结算流程管理方法的与时俱进。

一、竣工结算简述

竣工结算是建筑企业与建设单位之间办理工程价款结算的一种方法，是指工程项目竣工以后甲乙双方对该工程发生的应付、应收款项作最后清理结算。对于施工周期较长的工程，像跨年度进行施工的工程，在年终进行工程盘点，办理年度进度报量结算。建设单位在施工期间拨给施工企业的备料款和工程款的总额一般不得超过工期总价格的90%，其余的尾款在工程竣工后，施工企业和建筑企业及时办理竣工验收手续，并在20d内完成尾款结算。工程竣工结算分为单位工程竣工结算、单项工程竣工结算、建设项目竣工总结算三种。

结算流程分为以下几个环节：首先，承包商应在合同约定时间内对竣工结算书进行编写，完成后提交给发包商；发包商收到竣工结算书后，应按合同结算方式与施工单位及时核对，这一部分是整个竣工结算流程的重要部分，因此，不论是发包商还是承包商都要对此给予足够的重视，在结算核对过后，发、承包商要进行工程移交工作，同时应当将工程款项进行清算。

二、建筑工程竣工环节结算过程出现问题

（一）竣工结算资料不完善或者签字不全

竣工结算资料传递不及时是建筑工程竣工环节比较容易出现的一类问题。这类问题的产生大多是由于施工单位和发包商对其重视程度不足，对施工设计到的相关资料搜集程度不够所导致的。竣工结算材料不完善，容易导致竣工结算困难，影响竣工阶段的收尾工作的展开，同时也严重影响了竣工结算的真实性。竣工结算资料不完善，会出现以下几类现

象,竣工结算材料不完整,项目清算困难,竣工图传递困难,导致后期验收工作无法正常开展。如某单位工程中的变更签证资料,只有监理单位、施工单位盖章,建设单位未签字与盖章,金额为8.31万元,结算时建设单位以此为由不予认可。因此,建筑单位一定要对此类现象加以重视,在竣工验收阶段要保证资料的完整性,让竣工结算工作顺利进行。

(二)合同条款计价原则不明

合同条款计价原则不明确也是常见问题之一。现阶段的大部分施工单位都有着自己的计价原则,但是大部分企业只在此方面未形成统一,因此,在签订合同时,承包商和发包商在此方面难以达成共识。许多施工单位在签订合同时会在合同中隐藏计价原则,而如果发包方在签订合同时未发现该问题,将会导致在后期的竣工结算阶段会因计价原则不同而导致结算款数差别较大,从而产生纠纷,而合同中如果未注明计价原则,合同的规范性得不到保障,双方的利益也会受损。因此,施工单位和发包方在签订合同时一定要在合同上注明计价原则,避免后期各种问题的出现。如某项工程为费率招标,中标通知书中写为总造价降2.1%为结算价,后期签订合同时因建设方的疏忽,合同结算方法为"审计后的除不可竞争费与税金外总造价降2.1%作为结算价"引起了双方对于结算的争议;又如某项工程招标文件规定与定额采用2005年山西省建筑工程相关定额,签订合同时写为定额采用2011年山西省建筑工程相关定额。

(三)建筑材料价格波动较大

在施工阶段,建筑原料的成本波动较大,会影响到结算阶段施工单位对各种款项的清算。如果在施工阶段,施工方未及时对价格变化较大的材料进行记录,对支出款项等进行明确,则在结算过程中,施工方将无法对结算款项做出即时调整,自己的利益会搜到一定影响。如某项工程2011年招标,招标时双方约定材料价格不作调整,签订合同时结算方式风险范围写为主要材料价格超过正负5%时作调差,引起了双方对于结算的争议。

三、提高建筑工程竣工结算质量的有效措施

在建筑工程竣工结算的过程中,有以下几点需要特别注意:在竣工结算之前,承包方和发包方需要对工程的质量进行复检,待验收工作完成且确定工程符合标准之后,再进行竣工核算及工程造价审核工作;其次,在工程结算过程中,需要安排专业技术水平高,且工作经验丰富的工作人员来进行结算和审核工作,以保证结算工作能够顺利进行且中间不会出现疏漏;另外,无论是发包方还是承包方都要对这一环节给予重视,双方都要根据合同内容里约定的期限来完成各项工作,以保证双方的利益。

(一)全面收集工程资料

在落实建筑工程竣工结算工作时,需要承包方和发包方将工程资料进行全面整合及处

理，以避免竣工结算阶段由于材料不齐造成双方利益受损而引发纠纷。因此，承包商，也就是建筑公司需要注重以下几个方面的资料收集：双方的合同以及后期因为某些原因而补签的条款，它不仅能够有效说明施工范围及施工周期，双方需要在合约期限内旅行的义务和承担的责任，工程款数目及各款项的明细以及双方在施工阶段需要承担的风险等，这类合同为结算款项明细和验收阶段工程的质量水平进行说明，同时也为工程能够顺利交接提供了保证；建筑相关图纸资料和审计账目等；施工周期内市场原材料价格变化明细表和价格表，能够为竣工结算时调整合同价格提供有力的依据；建筑项目施工笔记和设计资料，能够帮助建筑公司和发包商在结算时提供依据；竣工后的工程验收报告等。结算资料的收集主要包括以下内容：施工发承包合同、专业分包合同及补充合同；招投标文件，包括招标答疑文件、投标承诺、中标报价书及其组成内容；工程竣工图或施工图、施工图会审记录，经批准的施工组织设计，以及设计变更、工程洽商、甲乙双方索赔资料、材料价格批准单、甲供材料用量及价格和相关会议纪要；经批准的开、竣工报告或停、复工报告；竣工结算书等。相关部门要在竣工结算之前准备好相关资料，以保证竣工结算工作的顺利进行。

（二）管理层加强对竣工结算环节的重视

企业加强对工程竣工结算环节的重视，可以通过以下几种途径来实现：①企业内部应当对工程项目价格审核进行体系建设并加以完善。对于现在的建筑企业来说，拥有一套完整的价格审核体系，对于企业进行工程造价审核、竣工结算、工程项目费用核算等工作都具有较大的帮助。在建设该体系之前，企业需要对自身情况和自身需求加以明确，在建设价格审核体系时需要运用科学的构建方法，以加强对工程费用的把控，确保每项花费的合理性，在工程建设过程，一个完善的价格审核体系能够加强对原材料市场价格的调查，对市场改变的状况和潜在风险进行评估，以加强对工程的管控；②承包方和发包方都要强化合同条款的阅读工作。一是为了保证双方的利益，二是为了让双方都能遵守约定期限进行交付工程和款项。加强对合同条款的解读，能够明确双方的责任，通过对合同内容的遵守来达到对双方制约的目的，同时也能够保证双方在施工期间的相互监督。

（三）提高结算人员的技术水平

结算工作要求结算人员技术水平过硬，且应对一些困难时具有较为丰富的处理手段和丰富的经验，以应对结算过程中出现的各种风险问题。企业在进行人员管理时，要对提高结算人员的相关技术水平给予重视，要定期对结算人员进行培训，提高人员的专业水平和应对问题时的处理能力，同时，要求每位结算人员对施工合同和条约款项以及各类文件进行了解，从技术层面上掌握具体施工工艺的施工方法以及对建筑质量的审核标准，。强化人员的法律意识，要让每一位员工都明确与建筑行业有关的法律规定，从而在每一位员工内心树立起法律意识，让其能够依法执业，遵守法律道德底线，公平公正合理的做好结算审查工作。

建筑企业对建筑工程进行竣工结算,能够帮助企业对工程造价进行控制,对项目工程施工过程的总花费进行清算,有利于企业内部对施工过程进行合理优化,对工程造价进行明确。竣工结算同时也作为一项建筑公司向发包方索要尾款的依据以及建筑公司进行资产清算和明确的依据,会对建筑公司的整体收益和资金流动产生重大影响。因此建筑企业一定要对结算环节给予重视;另外,审计人员需要明确自身责任,严格控制结算环节,保证结算过程的准确性。

第三节　建筑工程框架结构工程

本节主要阐述了框架结构工程技术的基本内容,并针对框架结构工程技术存在的问题提出了相应的优化建议,以期为建筑企业可持续发展目标的实现奠定良好基础。

一、建筑工程框架结构工程技术的基本概述

(一)框架结构的类型

伴随物质生活水平和生活质量的不断提高,人们对于建筑工程的施工质量和施工模板也提出了新的要求,在工程实践施工建设过程中,由于建筑种类的不同,工程中的框架结构也不尽相同,而目前来看我国主要的框架结构类型分为四种,即:半现浇式框架、全现浇式框架、装配式框架和装配整体式框架。其中,半现浇式框架具有节省施工时间的显著优势,但其抗震性能较低,而全现浇式框架能有效地提高抗震性能,却会延长施工时间,至于装配整体式框架从某方面而言不仅有效地弥补了装配式框架抗震性能欠缺的不足,同时对于模板的需求量也较少,因此是现阶段最常用的一种框架结构。

(二)框架结构工程施工技术

简单来讲,所谓的"框架"指的是在进行工程施工建设过程中,使建筑物纵向获得部分承载力,从而以确保工程施工顺利进行的结构,且近年来随着高层建筑和超高层建筑日益成为建筑企业的主要施工类型,其应用频率和应用范畴也变得愈加广泛,总体而言在进行工程实际施工建设过程中,只有从根本上确保框架结构施工质量,做好基础的承载力工作,建筑工程的整体施工质量和施工效率才能得到有效提升,进而为企业的进一步发展奠定良好基础。

(三)框架结构工程的施工特点

近年来,伴随社会主义市场经济的不断发展,作为与人们日常生产生活息息相关的基础产业,建筑产业在当前人均土地面积急剧下降的时代背景下,其对于建筑工程的整体工

程质量和工程结构也提出了新的要求。经大量科研数据分析可知，在当前城市化、工业化建设进程不断加快的产业时代背景下，高层建筑和超高层建筑逐渐取代多层建筑成为现阶段建筑产业的主要施工类型，在一定程度上虽然有效地解决了当下土地资源短缺的现状，但与此同时也给建筑施工工程在技术上面带来了更多的挑战，尤其是作为建筑工程的基础和根本，随着高层建筑层数的不断增加，其对于框架结构的承受荷载也在不断增加，故此在进行实际作业施工过程中，为高质量地完成高层建筑工程的框架施工，充分考虑建筑结构的变形问题和墙体设计以及使用的材料等是十分必要的。

二、建筑工程框架结构工程技术的基本概述

（一）钢筋工程施工技术要点剖析

根据相关数据调查可知，对于高层或超高层建筑来说，在进行钢筋工程施工建设过程中，为从根本上降低或避免建筑物安全隐患的存在，建筑企业的施工人员需提高对钢筋工程稳固性的重视，即通过采取如下策略，以避免位移现象的发生，即：

首先，前期准备。在进行工程施工建设过程中，钢材是框架结构施工最常用的材料，其型号、质量和数量在一定程度上对其工程的整体施工质量和施工效率具有直接影响，故此为从根本避免各种安全事故的发生，一方面建筑企业施工人员需在施工前，严格按照设计图纸以及施工需求，对钢材进行采购、剪切和弯折造型处理，从而为后期工程的施工建设奠定良好基础，而另一方面在对钢材进行存放时，对于置于高空位置的材料也进行集中管理和分类，以避免后期在使用过程中发生高空坠物，影响工程施工进程的同时危及人员的生命财产安全；

其次，焊接施工准备工作。在进行钢筋工程施工建设过程中，为从根本确保工程作业的顺利进行，在进行钢材焊接时提高对焊接操作的重视是极为重要的，而具体来讲在一定程度上焊接的工序对于焊接质量具有重要影响，故此总体而言为提高钢材框架结构的施工效益，建筑企业的工作人员需严格按照"审查施工焊接技术——做好焊接试验——进行相应检验——逐点焊接——钢筋进行复检——对焊接部位进行抽查——淘汰不合格产品"，此外为从根本确保抽检和焊接作业的专业性，企业还需加大对焊接人员的培训力度，从而为后期焊接作业的顺利实施打下坚实基础；

最后，当焊接完成后，对钢筋进行放样和下料作业时，为从根本上确保后续施工作业有一定空间，防止工程框架出现收缩变形，建筑企业的施工人员需在全面掌握不同钢筋热胀冷缩系数的基础上，根据钢筋性质留置出合理的放样和下料空间，

（二）模板工程施工技术要点剖析

随着高层建筑和超高层建筑数量的不断增多，规模的逐渐扩大，在实际施工建设过程中，为从根本上提高企业的施工质量和施工效率，模板工程也是建筑工程框架结构的主要

类型，但不可否认的是，由于近年来楼层数量的不断增加，大多数楼板处于养护期，其承受的能力有限，因此在实际施工作业过程中，施工人员需严格按照如下施工工序，进行作业，即：

其一，基础模板安装施工技术。在进行钢筋混凝土建筑时，为从根本上提高工程的施工质量和施工效率，先由模板定型，再放线设置高度、深度、宽度，最后再完成垫层的施工处理，是基础模板施工的主要作业。除此之外，在进行模板安装过程中，为确保直角度的科学性、合理性和有效性，一方面建筑工程企业的施工人员需通过上述进行标注的记号，进行材料支柱的固定，从而确保模板的硬度和稳固性能满足工程的施工要求，而另一方面在进行模板的安装过程中，为从根本避免误差问题的产生，相关工作人员需严格按照国家的相关规定，并将安装偏差控制在三毫米内；

其二，主体模板的施工技术。当完成基础模板工程施工建设过程中，为确保后期工程施工的顺利实施，建筑企业的相关工作人员还需在基础模板安装完成后，对模板和垫层之间的缝隙进行处理，从而避免后期施工过程中漏浆问题的产生，更主要是为了提高模板的强度和承载力。而作为模板工程施工建设过程中的关键技术，在进行主体模板施工建设时，通常为了提高建筑模板的强度，其会在模板中支撑部分钢管，然后在对模板支架、立柱等部位进行垫板操作，从而为后续工程施工提供更加稳固结构支撑的同时，也保证了上层模板能够有较强的承载力，为后续工序的顺利实施打下坚实基础；

其三，模板拆除。当混凝土达到一定强度后，建筑工程的施工人员可将模板进行拆除，但为从根本上避免工程的安全隐患，在进行模板拆除时，相关工作人员需严格按照"优先拆除后续支立的模板、最后拆除最先支立模板"的原则，从而避免对后期的施工造成影响。

三、建筑工程框架结构施工中的常见问题与解决策略

（一）钢筋工程施工建设问题

在进行框架工程施工建设过程中，由于钢材本身具有大跨度、钢筋混凝土组合等特点，因此常被用于施工建设过程中，但不可否认的是，由于其本身存在的某些安全隐患问题未能得到妥善处理，而是任由其作为施工建材应用到施工建设过程中，在一定程度上不仅极大地增加了工程的安全隐患，危及企业的经济效益和社会效益，最主要的是还会给人们的生命财产安全埋下巨大的安全隐患，进而对社会的长远发展是极为不利的。故此为避免上述问题的发生，在进行钢筋工程施工建设过程中，一方面在进行钢筋作业前，建筑企业的相关工作人员需根据自身多年经验，综合考虑当下企业的施工现状和施工目标，制定一套科学完善的钢筋工程施工方案，并在施工过程中，严格按照施工的规章制度进行，以期从根本避免钢筋板扎有误、钢梁的垫块没有做好固定处理、浇筑混凝土出现位移等现象的发生，而另一方面建筑企业的相关管理人员还需严格按照工程的施工要求，提高对钢材质量检测的重视，从根本确保整个建者工程质量的同时，为企业的进一步发展奠定良好基础。

（二）建筑载荷问题的优化处理策略

从目前来看，在当前高层建筑和超高层建筑规模不但扩大的社会主义新市场经济常态下，虽然从某方面而言有效地解决了土地资源短缺问题，但与此同时也导致了荷载问题的产生，经大量实践探索可知，在施工建设过程中，由于楼板在浇筑完成后会放置一段时间来保证楼板的硬化强度大小，但倘若硬化强度不符合要求，则说明楼层的荷载存在一定问题，此时施工单位需对问题进行及时处理。

综上所述，改革开放以来，城乡一体化建设进程的不断加快，企业数量不断增多、市场规模逐渐扩大的同时，建筑企业工程建设整体施工效益在当下多元化的社会主义环境下，受到了社会各界及人们的广泛关注和高度重视，其中作为建筑基础的框架结构，由于其施工质量是建筑行业得以在市场上持续发展的根本，故此随着建筑企业的不断发展，人们对其关注的重心也集中在对建筑工程框架工程技术的探究方面，故此为保证工程项目的质量建设和工期进度管理，对建筑工程施工质量进行全面管理是确保框架结构施工质量满足建设要求的重要基础和根本前提。

第四节 建筑工程质量检测

近些年以来，随着我国经济的快速发展，城市化进程也在逐渐加快，这使得我国的建筑工程项目数量不断增加，建筑行业迎来了新的发展机遇。在这种环境下，我国的建筑工程质量检测工作受到的重视程度也在逐渐增加，通过工程质量检测能够加强对建筑工程的质量管理，从而保证建筑工程的施工质量，这对我国的经济发展具有非常重要的意义。在本节中，作者通过自身多年的工作经验，对当前建筑工程质量检测中存在的问题进行了简单的分析，并提供了一些有效的改善措施。

伴随着社会经济的快速发展，现代化城市进程逐渐加快，在这一背景下，人们生活水平有了明显的提升，其对于建筑工程质量提出了越来越严格的要求。加大对建筑工程质量的检验力度，不但需要建筑单位加强重视，同时还要从各个环节入手，合理的使用质量检测方式，制定健全完善的质量防控制度。对此，在具体施工期间，务必做好建筑工程各个环节的检验工作，在满足需求的基础上提升建筑工程质量检验成效，促使建筑工程稳定开展。

一、建筑工程质量检测面临的问题

（一）当前建筑工程质量检测水平较低

建筑工程质量检测的效果与水平，与英美等发达国家相比还有一定的差距，检测人员的能力与水平还有很大的提升空间，而导致这种情况的主要原因，在于工程质量检测人才的缺失、技术应用水平的落后与质量检测内容与项目确定的合理性问题。另外，现阶段我国的建筑工程项目的复杂性特征逐渐凸显，建筑工程中所应用的施工材料、施工技术与设备等愈发繁杂，建筑类型与建筑形式也有所突破，这些都是影响建筑工程质量检测的重要因素。

（二）建筑工程质量检测取样不规范

建筑工程质量检测工作中，检测样本的取样规范性，也会导致质量检测出现偏差，影响工程质量检测的效果。现阶段，许多建筑工程的质量检测样本取样，都是由施工单位主导进行，而第三方检测单位仅仅单纯地负责工程的质量检测，施工单位相较于第三方检测单位，专业性明显不足，材料样本的抽取客观性也会受到影响。另外，由施工单位进行取样，还会延长样本存放的周期与时间，而且施工单位对于样本的存放空间与环境也缺少足够的掌控能力，可能会存在较多的外部影响因素，对于样本质量产生影响，也会影响质量检测的最终结果。

（三）施工材料检验问题

材料是建筑工程施工中十分重要的一部分，其性能对于建筑工程质量有着决定性影响，因此，在引进建筑材料之前，要对材料性能进行有效的检验。不过，从实际情况来看，部分建筑工程中的材料在没有经过检验的情况下，便直接引进于施工场地中，比方，检验期间，要依照相关性能实施检验，然而，在实际操作期间，没有按照种类来划分材料，使得检验结果存在差异性。最后，在建筑工程施工期间，除了检测主体材料之外，相关的装修配件材料也是需要检测的。之前，部分人员经常错误地认为只需要检测主体材料便可以，对于配件检测的重视力度较低，如此，便使得工程质量下降。

二、提升建筑工程质量检测成效的具体措施

需要加强对建筑工程质量检测的重视力度，从建筑工程领导人员的角度出发，需要先对建筑工程质量检查工作进行重视，并且需要在实际管理工作中还要不断增加自身的质量，更要使得建筑工程可以顺利完工。面对整个建筑施工而言，有关的建筑工程领导是比较高的决策人员，主要是他们的命令直接关系到工作者的利益，因此这个时候领导间需要合理的做到相互监督，并且还要满足用户的心理要求为主体，以符合相关的体系为标准，以此提高对建筑工程质量的检查力度。由此一来，有关公司领导需要对建筑工程质量进行检查，更要在最大程度上加强员工对建筑工程质量的重视管理，以此带动公司的稳定发展

需要不断提高对企业内部质量检测的力度。要想使得建筑工程可以顺利交工，那么这个时候需要提高工程质量的检测工作，简单来讲，是工程质量直接决定着建筑施工是否可以顺利交工的标准。因此经过长时间的研究，要想确保工程可以顺利完工，这个时候需要

先从以下几个方面入手：第一，建筑施工公司需要建立起相关的质量检测体系，第二，需要加强对工程施工人员的检测，定期对建筑工程人员进行对工程技能的培训。因此这个时候检测人员水平的好坏会关系到工程检测是否可以有效的运行

还需要不断提高各个质检部门的交流和沟通，由此一来，建筑工程的项目检测部门不是单独在一起的，只是有机地结合在一起，因为只有这样，才可以不断提高施工企业各个部门质量的检测。除此之外，建筑工程项目企业需要完全掌握到各个部门在检测工作中的重要性，如果发现建筑工程出现质量问题，那么需要及时和其他的质检部门进行交流，更要及时的解决存在的问题，从而保证工程质量，最后可以使得建筑工程顺利施工

三、加强施工企业各个部门质量检测协调与沟通

建筑工程项目质量检测管理并不是单独孤立的，而是需要企业各个部门以及所有人员的共同努力才能完成。由于建筑工程施工过程中因突发状况，诸如材料短缺、天气恶劣、机器故障、停电停水等会严重影响到施工安全和质量，为了避免突发状况对工程造成损失，保证工程施工的质量，做好协调和沟通相关土建施工各个部门的施工协调管理工作，是避免工程受突发状况影响，降低企业损失，保证施工质量的重要手段。为此，建筑工程项目企业首先要充分认识到质量检测工作中各个部门进行有效协调与沟通的重要性，对于工作中出现的质量检测管理问题，应进行协调解决，以保证质量检测工作的有序展开。

总之，对于建筑工程质量检测工作来说，其对建筑工程的施工质量控制具有非常重要的意义，同时也是我国建筑行业发展的重要组成结构。伴随着市场竞争的激烈化，我国的建筑工程质量检测机构的发展也需要紧密结合当前社会，通过正确的认识自身的职责，坚持以人为本，加强人员的素质和技能培训，提高自身的检测质量。

第五节 建筑工程框架

在探讨当前建筑结构特点的基础上，从钢筋工程、模板施工以及混凝土工程三个方面论述了建筑工程框架结构施工技术，给提高建筑工程框架结构施工技术提供一个参考。

一、建筑工程框架施工的特点

当前建筑工程结构的一个重要特点就是朝着高层以及超高层的方向发展，而这个趋势给建筑工程的框架结构特点带来了新的特点。高层建筑在竖向构件以及构成方面带来了逐层累积的重力以及载荷，这就需要较大尺寸的柱体以及墙体来支撑，给工程框架结构施工带来了新的技术要求。

与此同时，建筑的构件还需要承受地震载荷以及风载荷等荷载，而且这些载荷都属于

非线性的竖向分布载荷，而且对建筑高度的敏感程度较高。以地震载荷为例，就层数较低的建筑而言，考虑这些建筑的荷载时一般只需要考虑恒定载荷以及部分动载荷，而对于建筑物的墙体、柱体以及楼梯等结构，一般不会予以严格控制，其他构件满足设计要求之后，对应的这些构件也都达到了设计要求。首先要解决的问题除了抗剪问题之外，还需要考虑抵抗变形以及抵抗力矩的问题，部分高层建筑的柱体、梁、墙体以及楼板在设计过程中经常需要考虑到结构的具体布置、特殊材料的使用，这样才能很好地抵抗较大的变形以及较大的侧向载荷。

二、钢筋工程施工技术问题

钢筋工程施工中存在的主要问题。在实际的钢筋工程施工过程中，存在的质量问题较多，主要包括：选择的焊条规格、型号不对；钢筋焊接接头存在偏心弯折问题；箍筋具体尺寸不能满足要求等。而在钢筋加工完成之后，在钢筋的板扎以及成品的保护过程中存在对应的质量问题，诸如钢筋的类型和数量等没有达到要求、钢筋垫块不充分或者是没有提前稳固，一旦在对钢筋验收通过之后将造成后续施工的质量问题，诸如混凝土浇筑移位等，将造成实际施工材料的尺寸与设计尺寸存在偏差的问题，对建筑框架的整体结构安全性造成影响。同时，在对钢筋结构进行再焊接的过程中，对框架结构的整体形状等都会造成改变，给框架整体施工质量造成影响。

钢筋工程施工技术。

充分的材料准备。对那些散乱的材料而言，要在绑扎固定之后，将之转移到那些安全稳固的地方；或者是将其保存在安装好的梁上，并将之固定在钢架之上；对于在地面堆放的材料，应该做好对应的安全管理工作，防止其滑落造成伤害；在上面覆盖油布时还应该在油布上层压上重物，并在端部加以固定。

做好焊接施工准备。在正式的焊接施工之前，应该根据对应的操作规范走好焊接试验工作，对进场的每一批钢筋都应该进行逐批次的自检。同时做好取样力学试验工作，在自检的基础之上还要对焊接的质量进行适当的抽查，尤其要对那些由疑问的钢筋做重点抽查，且需要对于各个试验和检查人员都应该进行专业技术的培养。

放样与下料施工。在进行实际施工过程中年的放样以及下料过程中，都应该留有一定的余量，这主要是考虑到焊接完成之后，在焊缝处将出现线性的收缩，且框架结构中的桁架、梁等在受到弯矩作用之后还将拱起。虽然其收缩和变形量将与其他各种因素相关，但是结合施工实践以及具体的实验来讲，通常需要考虑的收缩量一般是：当受弯构件的总长不超过24m时，放样余量在5mm左右，当总长在24m以上时，放样余量则取8mm。

三、模板工程施工技术

多层模板支架体系施工中存在的主要问题。对于现浇混凝土结构，新浇筑的楼层重力载荷以及施工载荷都是由多层模板支架体系来承担的，然后再由模板支架体系将载荷传递给楼层的楼板。但是，在施工的过程中，由于施工时间较短，这些楼层的楼板依然处于养护期，其承受载荷的能力有限。这就导致施工载荷存在更多的不确定性，部分甚至将超过混凝土结构正常使用状态所承受的设计载荷。

模板工程施工技术。

基础模板安装。在完成垫层施工之后，应该每天定时的对水平基础依照轴线进行测量，利用基础平面尺量好各个需要的边线，并在各个暗柱角用油漆做好对应的标记，确保安装模板的过程中，完全按照各个控制边线将材料支柱固定，这样可以有效的保证模板的硬度以及稳固性，可以提高模板承受在浇筑过程中产生的施工负载以及施工载荷。同时，在垫层与模板的底部结合处应该用较细的水泥砂浆将缝隙嵌填严实，保证不漏浆。最后，应该在模板的上口拉通线进行校直，保证边线顺直。

主体结构模板施工技术。立杆是整个结构的支撑体系，施工过程中应该保证其立于坚实的平面之上，保证在安装好上层模板与支架之后能够承受对应的载荷，其不会被压垮。加之整个支模工序都是按照对应的程序进行的，在没有对之进行完全固定之前，下一道工序是不能进行的。

模板的拆除。模板在拆除的过程中要保证按照一定的顺序进行，一般是在后续支立的先拆，而最先支立的则最后拆；不承重、少承重的先拆，承重、承重大的最后拆掉；支撑部分先拆，方木模板最后拆。同时还应该将拆下的东西及时的运到安全场所，防止造成不必要的伤害和损失。

四、混凝土工程技术

混凝土原材料的选择。对于所有进场的材料都应该有材料的质量保证书，混凝土尤其重要。同时，混凝土还需要包括各个不同类型的具体强度级别、包装以及出厂日期等，这些项目都需要进行严格的检查。

配合比和合理控制。通过合理的控制配合比可以达到提高提高水泥强度以及提高混凝土的和易性目的。但是，对应的造价自然会增加，且会造成混凝土体积的变化率以及用水量发生变化。所以，还应该对掺入的水泥量进行控制，水泥用量应该控制在允许范围之内。

混凝土浇筑过程。通常而言，混凝土的浇筑施工方案是需要通过审批的，对于可能出现的问题都要有对应的解决方案及策略才能保证最佳的计算结果。同时，在浇筑之前还应该对模板的位置、截面尺寸以及标高等来进行控制，保证与设计相吻合，且支撑足够牢固。

第六节 建筑工程安全监理

建筑行业在众多行业中,具有较高的危险性。而且部分建筑单位,通常只在乎成本管理,对于加强安全投入、提高安全措施、维护安全系统,却置若罔闻,这就使得在施工过程中,不重视建筑工程的安全监理工作,极大地增加了施工人员的安全风险。追根溯源,各种建筑施工事故频发,其主要原因是施工单位的安全生产意识不强、机制不够完善。而且建筑施工单位在施工过程中,对于安全管理投入少,措施不利、责任不清,且施工现场的安全没有控制到位,从而导致各类安全事故频繁发生。从当前建筑工程的施工情况来看,在施工过程中,安全监理对整个工程的施工安全起着监控的关键性作用,认真监理保证了建筑施工的正常进行。

一、建筑工程安全监理的现状

缺乏专业的安全监理人员。一般来说,安全监理在建筑施工工程中能否达到预期的效果,这与具体执行人员的专业水平和综合素质密切相关。但是从目前实际情况来看,监理人员缺少实际工作经验,这对建筑工程的安全监理工作有着一定的阻碍。此外,建筑工程的安全监理人员长期频繁流动,这就导致其业务能力极难提高,且长期处于较低水平,还有部分安全监理人员要统筹管理各方面工作,这导致其在管控施工安全工作时,出现力不从心的情况,这就使得相关的安全监理不符合国家的相关规定,且很难有序推进。

安全监理制度还有待改进和完善。当前,建筑工程的施工监理不到位,这主要是由于施工单位和监理机构缺少对自身安全工作性质的清楚认识,而且理不清自身工作所管辖的范围。相关的法律对这些内容都有明确规定,所以,目前的监理机构最首要的任务就是在有效控制施工质量和进度的同时,要控制施工安全,若无安全一切都为空谈。安全监理当前面临的最大困难,是十分缺乏专业人员,所以在具体监理时,无法按预期的计划切实推进,而且部分监理人员缺乏工作经验,在具体实施工作过程中,存在较多的问题,这样就使得施工中存在的安全隐患无法被察觉,且不能切实处理。如此一来,建筑工程施工的安全工作也无法推进,并且会给施工带来巨大安全隐患。

不重视安全监理工作。建筑工程在施工时,很多因素是无法预料的,这些因素如果没被有效控制,就会产生一定的安全隐患,建筑工程的质量也会受较大的不良影响。想排除这些安全隐患,安全监理工作就要对施工单位报审的重大危险源进行认真的辨识,并编制安全监理细则,实施不断完善,以避免事故的发生。然而,对于施工现场的安全监理工作,一些企业并未给予足够的重视,只注重施工效益的提高。所以在施工过程中,施工单位对安全措施费用投入少,施工人员会因安全措施不到位、操作不规范而出现安全事故。还有的企业无安全管理制度，分工不明，责任有清，造成相关人员不清楚自己应该干什么，怎么干，干成什么样，工作时往往流于形式。当安全事故发生后，相关负责人无法及时找到相关责任人。如果在施工现场发生事故，后果十分严重，监理人员虽然在现场，但这些人员应有的职能常常没有被发挥出来，往往在工作中仅流于形式，安全问题未被重视。尤其是部分建筑工程在进行施工时，经常会出现一些安全问题，如脚手架搭设不稳固、电线乱接乱搭等问题。

二、加强建筑工程安全监理的有效措施

重视施工安全。若想改变建筑工程安全监理的不良现状，相关领导一定要高度关注施工现场的安全问题，要将安全始终放在第一位。要意识到监理部门的重要性，施工要与监理工作相结合，确保施工的质量和安全都能达到最佳的状态。对于施工现场的工作人员，要给予足够的关心，改善其施工环境，使广大施工人员能有良好的工作氛围，也要掌控细节，对于各项规定和制度，要严格遵守，尽全力保证不出现安全事故。施工时要时刻坚持以人为本，要让监理人员在工作时，能充满社会责任感，激发其工作的积极性，并不断提升自己的专业技能。此外，监理人员也要认真做好本职工作，对施工现场要加强监督和管理，如果发现问题，必须立即制止，并要求有关方改正。

提高安全监理人员的素质。一般来说，监理人员的专业水平往往决定了监理质量的高低，建筑工程的施工能稳步推进，与监理人员的综合素质和技能水准有密切联系，所以应严格推进这方面工作，并认真贯彻落实，要提升监理工作人员的专业化水准和综合素质，且要对其安全管理意识不断进行增强，与此同时，加强建筑工程安全方面的法律法规的学习，应用做到正确规范。

健全安全监理制度。若要规范管理，则需要有相应的规章制度做支撑，所以制度建设是安全监理非常重要的内容之一。其主要内容包括：对人员的培训制度与审核人员的制度；还有相关的监督制度及方案规划制度，每个环节都需要制度规范，这样才能高效开展监理工作。在进行工程监理工作之前，相关安全监理人员一定要熟悉设计图纸，监理规范。实地考察勘测现场，了解现场环境，根据现场实际情况，制定合理的监理方案，编制监理细则，为具体工作指明方向。在进行具体工作时，要综合多种因素，要想确保工程的施工安全，那么相关监理人员一定要认真把握住细节，从大局出发，从而掌控整个局面。此外，相关监理人员要遵守管理准则，坚持把预防放在首位，并要贯彻落实以下几方面：①要带着积极的心态，自觉参与到安监工作中去；②要提前做好部署和规划工作；③要及时处理安全事故，且要行之有效。但是监理工作处于不断变化中，所以在具体实操时，要根据实际的环境变化，对其进行及时调整，确保行之有效。

应该加强建筑工程施工阶段的监理。建筑工程在进行施工时，安全监理人员必须要做好检查监督工作，在检查其进度和质量外，还要对安全生产制度和安全管理人员进行监督，

对于危险系数较高的工程，要时常对其检测巡查，把可能出现的隐患部位进行准确的记录，并进行备案。此外，检查和监督施工单位是很有必要的，主要检查其具体的安全生产情况，如果有不合规范的地方，一定要立即改正，在多方的监督管理下，一定能达到工程预期的安全目标。

开展全面的安全监理工作。全面开展监理工作，把握每个环节，这样可以提高建筑工程施工现场安全监理的效果。要做好安全监理工作，就是对工程参与人员、材料、机械、方法的管理，首先要对施工方项目部人员安全资格审查，查有无安全证件。材料查出厂合格证及复试报告。机械设备查生产许可证、出厂合格证、检验报告。再查安全方案措施的编制及针对性。加强安全管理，必须采用相关的防护措施，以保证安全施工。在实际操作中，施工人员一定要注意安全，施工时要正确佩戴安保用品。施工时，在危险部位设置防护设施，如盖板、围栏、架网等，在材料的出入口和建筑物的进出口，也需要有相应的防护措施，可以设置一些警示性的安全标识，以免工作人员进入危险区域，埋下安全隐患，这也可以保障施工人员的安全。如果发生安全事故，一定要有应急预案，并且要立即启动，使损失降到最低。对于特殊工种而言，要求持证上岗并且做好相应的保护措施。

加强资料的管理。施工安全资料，作为安全监理工作开展的另一重要因素，对安全资料进行审核也是其非常重要的环节之一。资料一定要精确可靠，因为这对安全监理工作具有决定性作用。对于施工时的安全生产情况，相关监理人员要详细记录，形成专门的监理日记，且要重点关注危险性较大工程，有安全隐患的部位及易出现安全事故的区域，并做出具体的分析，这可以有效推动后续工作的开展，为今后工作提供相关经验。此外，要密切关注各种安全会议和安全报告，对其中谈到的具体问题，要仔细分析，并认真应对处理。还要将工作的汇报和总结报请建设单位，让其获悉具体情况，以便慢慢形成技术性资料，促进今后工作效率的提高。

综述之，建筑工程在施工时，安全监理是其非常重要的工作内容，在当前建筑行业发展现状下，人们对建筑施工的安全性问题越来越关注，所以监理人员一定要对工作保持认真的态度，对待本职工作要有责任心，保证监理工作科学合理推进，全方位提升监理工作的质量，保证安全生产，提高其管理水平，促进建筑行业的良好发展。

第七节　建筑工程的质量控制

随着生活质量的提升，人们在衣食住行方面的需求也在不断提升，建筑工程质量是当今社会共同关注的热点问题。建筑工程质量不仅关系到利益，也关系到安全问题，因此建筑工程施工团队也逐渐对工程质量有所重视。基于此，本节探究如何提高建筑工程施工质量，为相关行业工作者提供参考。

经济发展推动了城市化建设的脚步，随着国民经济的整体提升，城市化水平也在持续发展中，社会及百姓对建筑工程施工质量的需求也在不断变化，建筑工程质量控制问题公众最为关注的话题，要想保证建筑工程质量，势必要有序开展建筑工程质量控制工作。为此，需要分析影响建筑工程质量的因素有哪些，在工程施工的过程中有针对性地控制好工程质量。

一、影响建筑工程质量的因素

施工材料因素。在建筑工程施工过程中，建筑材料是必不可少的。为此，要严格把控建筑材料的质量与性能，从而保证工程的整体质量没有问题。有些企业的采购部门在为建筑工程采购材料之前，没有做好充分的准备工作，在未开展市场调研的基础上选择材料供应商，从而难以掌握建筑材料的质量与性能，容易造成采购的建筑材料与工程质量要求不符。其次，有些单位没有同材料生产生进行及时沟通，导致材料供应跟不上工程建设的步伐，从而影响了建筑工程的质量及工程整体进度。如果不严格监管建筑工程材料，在工程施工现场势必会出现施工秩序混乱、施工材料随意堆放等不良现象，如果未能科学合理的存放施工材料，在面对雨、雪、风、晒等自然天气时，势必会对建筑材料的质量及性能造成影响，最终将影响整体工程质量。

人为因素。随着建筑工程行业的迅猛发展，越来越多的技术手段被应用到建筑工程施工中。因此，建筑工程施工人员的施工技术及专业素养也被人们所重视。但从我国建筑工程施工现状分析来看，绝大多数的工程施工人员都没有接受过专业的培训，普遍都是农村到城市务工的人员，这是由于最初的建筑工程施工工作对劳动力要求较高，但是对技术方面没有过多要求，加之农民工在工程质量方面也没有较高的意识，因此在工程施工的过程中，难以有效地掌握各种先进的施工技术与施工设备。有些施工单位虽然都会为施工人员制定相关的规定与要求，但各种问题依旧会在施工过程中发生。

二、强化建筑工程质量控制的有效策略

提升质量管理，保证工程质量。在建筑工程施工的过程中，最为重要的事项就是要保证工程的质量安全问题，要提升工程施工人员的安全意识，让其在施工过程中时刻具备自我保护意识，同时要根据施工合同的条款规定，依照合同中的具体要求保证建筑工程施工质量。在建筑工程施工前期，必须要强调安全问题的重要性，掌握各项工程技术的难度，并据此重新调配施工标准，制定出科学系统的施工方案，在安全施工的前提下，保证施工的效益。在施工前要分析所有问题的可能性，并制定出相关的样板进行分析研究，一旦遇到问题，能够及时进行补救。同时，只有提高施工人员对质量控制的意识，才能真正地提高建筑工程质量，为此要不断开展相关的教育工作，改变施工人员的观念，提升其工程质量意识。

确保施工材料质量，把控设备质量。在建筑工程施工过程中，建筑工程材料与设备是

最为重要的因素，通过保证施工材料质量及施工设备质量，能够起到保障建筑工程质量的效果。万丈高楼平地起，材料是建筑工程最为基础的物质条件，最终运用到建筑工程使用中的材料性能与质量，直接决定了建筑工程的品质。因此，建筑工程单位势必要严格筛选建筑材料，要做好市场调研工作，通过多比对多分析，根据建筑工程的质量要求及具体情况，选择满足质量要求的建筑材料。此外，在挑选施工设备时，要考虑到施工现场的具体情况，根据区域而选择合适的设备。不论是选择施工材料，还是选择施工设备，负责采购的工作人员都以客观、公正的态度做出最后决定，不可因为利益关系影响最终判断。在挑选施工材料与设备供应商时，尽量与经验丰富、供货有保障、合作意识较好的商家建立合作关系，从而保证施工材料与设备的质量，保证施工材料能够得到及时供应，确保工程施工得以有序进行。

加强工程成本控制。科学合理的控制工程成本，是所有企业保证自身利益的追求，成本控制影响的不仅仅是建筑企业，也会对整个建筑行业的发展形成一定影响。因此，要从以下几个方面入手：首先，要大力宣传成本控制的重要性，从而让参与建筑工程施工的所有人员都意识到成本控制的重要性，在工程施工过程中形成节约成本的意识，并付诸到实际工作中。其次，要对成本进行科学合理的分析，并制定出一套科学的成本分析体系，在建筑工程竣工后，将实际成本消耗与预算成本进行比对，找到其中存在的差异之处，并查清原因，形成完成的成本控制闭合系统，并积极调整并落实到工程实践中。最后，要考虑到工程监督费用，并保证在资金方面的支持，高度重视建筑工程质量监督。

提高全体员工教育工作。为了保证建筑工程的整体工程质量，势必要对工程施工人员加以培训与教育：①在组建施工队伍时，要从施工团队的整体性入手，避免以零散的方式招聘施工人员，从而保证整个施工队伍的团队性与默契性。②施工单位要加强施工安全教育工作，安全是第一生产力，要让施工人员意识到安全施工的重要性，从而规范自身施工行为，相互之间起到监督的作用。③施工单位要及时开展培训工作，将新颖的施工理念与技术手段传递施工人员，提升施工人员的工作质量，从而提升建筑工程整体质量。

强化工工艺技术的控制力度。首先，在建筑工程开展施工的前期阶段，要以建筑工程项目的具体情况及合同签订标准确定施工技术办法及相关注意事项，要将建筑工程工艺技术与施工质量要求有机地结合在一起，确定施工过程的整体目标与方向，从而在根本上避免由于建筑工程工艺技术问题给建筑工程埋下安全隐患。其次，要对建筑工程项目技术的控制目标与施工工艺技术注意事项进行分析，从而在施工技术方面进行及时的调整与优化，保证建筑工程的施工效果，防止在建筑工程施工过程中造成建筑工程质量监督方面发展类似的问题。要站在全局的角度，思考分析问题，掌握建筑工程施工技术的核心与关键，不断提升施工人员施工质量及施工设备质量，确保建筑工程在施工工艺技术方面的专业性与标准性，优化建筑工程质量的管控水平。

综上所述，建筑工程施工质量控制从多方面入手，首先要明确建筑工程质量受建筑材料及施工人员两方面因素影响。其次，要从以上两方面展开分析，在建筑材料质量及人员管理方面进行深入分析，提出能够保证建筑工程质量的有效对策，保证建筑工程行业得以稳健发展。

第八节 建筑工程造价的控制要点

在建筑行业快速发展的今天，工程项目经营活动控制逐渐成为建筑企业管理中的重点内容。很多建筑企业为了加强工程项目成本控制，都在进行建筑工程造价预算控制研究，对项目造价预算是否合理进行判断。在建筑工程造价预算控制过程中，建筑企业预算管理专业程度、市场发展情况与施工单位工作水平等都有可能影响到最终预算结果。因为建筑工程造价预算控制期间可能会受到多种因素影响，所以如何抓住控制要点对建筑企业非常重要。基于此，本节对建筑工程造价控制要点及其把握措施进行分析。

一、简述建筑工程造价控制以及相关工作流程

简述建筑工程造价控制。建筑工程造价其实就是对建筑工程项目各种费用的一种预想统计，是以货币为主要形式将建设工程项目所需花费费用的总和表现出来。在建筑项目的施工过程中，建筑工程造价控制工作会贯穿始终，在建筑工程项目的施工准备阶段尤为重要。建筑工程造价中最主要的组成部分就是建筑安装工程费，其主要有七大方面：分别是人工费、材料费、施工机具使用费、企业管理费、利润、规费和税金。

建筑工程造价控制的主要工作流程。在建筑工程造价控制工作中主要包括五个方面的工作流程：投资决策、工程设计、工程招投标、建筑工程施工、建筑工程竣工。在建筑工程造价控制的实际工作中主要表现出三大点的特点：动态性、全面性、系统性。因此，在建筑工程造价控制中需要将其落实到各个施工环节中，并对其各环节实施监控，时刻关注影响工程造价的不利因素。

二、建筑工程造价控制存在的相关问题

在建筑工程施工过程中，预算控制、供求关系与市场环境等都会对工程造价产生影响。如何确定建筑工程造价变化范围是重点，是建筑企业预算控制中需要解决的难点问题。但从建筑企业工程造价预算控制情况来看，依然有部分企业缺少对施工过程造价管理控制的重视。比如当建筑工程施工阶段中出现施工质量没有达到设计要求问题时，便需要进行返工，从而导致工程项目预算成本偏高。从市场环境角度来看，建筑工程造价预算控制可能会因为外部环境影响而发生变化，导致预算结果精确性不足，难以为建筑企业项目投资成本控制提供有效参考。

在建筑工程造价预算控制管理方面，管理人员专业能力和最终预算控制结果存在密切

关系。当管理人员预算控制能力不足以胜任工作岗位时，便有可能导致预算编制出现问题。比如土木工程造价预算控制方面，参与人员预算编制专业水平有限，工作过程中难以抓住重心，导致工作期间容易出现预算管理问题。在工程造价预算管理方面，管理人员需要面临复杂的工程项目施工问题，考虑各种预算影响因素。预算管理人员职业道德理念容易受到周围环境与外来思想冲击，在建筑工程项目预算编制管理过程中难以做到公正，无法客观分析各种预算编制问题，甚至在预算编制过程中谋取利益。

三、建筑工程造价控制要点把握

深入了解建筑工程资料的有关信息。工程造价控制工作是建筑工程项目的重要工作，而工程造价预算编制的落实工作则是其首要工作，需要工作人员对建筑工程项目的相关资料进行深入细致的了解，并进行科学的预测。举例来说，在地下室作业的工程造价的预测工作就需要对工程的地质信息进行搜集并了解，包括地下室土方作业中的地质状况和地下水水位高低的相关信息进行全面的搜集。不仅如此，在施工人员进行建筑工程项目进行造价编制工作之前还需要了解施工现场的情况、施工设备以及施工技术，从而保障建筑工程项目的正常工作的进行。

编制好工程造价预算。科学合理的编制工程造价概预算是有效控制工程造价的基础。预算编制人员应对现场情况详细掌握，基于工程施工组织特点综合考虑预算编制。编制前做好工程勘查报告、施工设计图纸等资料收集的前期准备，到现场深入勘察、对施工环境调查并研究施工方案，了解预算定额、取费等具体标准。对施工图纸应熟悉，对工程量及套用定额单价精确计算。在编制造价预算中，对设计图纸反复阅读直到对设计者意图深刻理解，进而对各分项编制准确预算、工程量计算，单价套用熟练，尽可能避免产生漏记、错套等失误。对价格因素客观分析，对调整价差留有一定余地。

落实全过程造价预算控制。在建筑工程造价预算控制方面，施工全过程控制属于重点预算控制内容，包括施工前预算控制、施工阶段预算控制和施工后预算控制等。在施工前预算控制方面，建筑企业首先需要进行预算编制工作，对各种预算编制内容进行制定，包括工程项目施工现场、施工图纸与施工价格等。从施工价格来看，工程项目材料、设备与人工成本费用都有可能因为市场价格变动而出现变化，从而造成预算结果与实际成本价格存在差异。因此在施工价格预算编制控制方面，预算人员需要预留部分差价空间作为调整，尽量减少预算编制误差。在建筑工程设计过程中，项目投资预算会因为项目设计变更而变动，因此工程项目预算不可避免地会出现局限性。在建筑工程施工阶段中，当施工项目出现设计变更现象时，原有预算编制内容也需要做出改变。因此，建筑企业想要加强工程造价预算编制控制，就必须注重工程造价审批过程控制，拟定工程项目设计不可随意更改，尽量解决项目施工中各种困境，顺利完成施工计划。加强工程造价预算控制过程监督管理，避免预算管理期间存在虚假信息内容影响最终结果。

提高建筑工程预算人员的专业素质。预算人员是建筑工程项目造价预算工作的重要执行者，目前，在建筑工程造价预算工作中往往存在预算人员专业素质较低的问题，给预算工作带来了较大的影响。因此，在工程造价预算工作中就需要管理人员对预算人员的管理能力、计算分析能力、表达能力以及预算能力等各方面的工作能力进行考察。

在建筑工程项目的预算控制工作中仍然存在着许多方面的问题，给建筑工程施工工作带来了一定的影响。该项工作是一项比较复杂精细的工作，需要预算工作人员有着较高的专业素质与专心、认真、负责的品质，还需要预算人员对施工情况有一个良好的把握，并对施工项目进行合理的分析，从而降低施工工作的费用，促进建筑企业的发展与进步。

第二章　建筑工程施工的基本理论

第一节　建筑工程施工质量管控

建筑工程施工质量关系到建筑行业的发展水平，影响着相关产业的未来发展。目前，由于施工质量管控不到位造成的安全事故时有发生，显露出建筑工程施工质量管控中的一些问题，本节通过分析这些问题，并提出加强质量管控的可行办法，从而达到控制施工风险的目的，实现施工质量的有力管控，提高施工单位的工作质量，提升建筑项目的整体水平。

建筑工程施工质量管理是建筑工程施工三要素管理中重要的组成部分，质量管理工作不仅影响着工程的交付与正常使用，而且也对工程施工成本、进度产生着不容忽视的影响，为此，建筑工程施工管理工作者需要针对建筑工程施工质量管理中存在的问题，对相应优化策略做出探索。

一、建筑工程施工质量管控中的问题

（一）对建筑工程施工人员的管控不到位

施工人员的工作质量直接关系到建筑工程的质量。但目前在施工质量管控方面，施工人员的管理还有很多不足之处。首先，施工单位管理者缺乏质量管控意识，认为只要没有发生重大质量问题，就不必进行管理，对施工人员平时的工作疏于管理。其次，施工单位没有专门的质量管控部门，平时的质量管理主要是由企业中临时组建起来的管理小组负责，由于这些管理人员缺乏相应的权限和管理经验，在实际的管理工作中，监督不到位，问题处理方案不合理，导致施工人员的工作比较随意，埋下了隐患。

（二）对施工技术的管控不足

过硬的施工技术是保证工程施工质量达标的前提。但是目前，许多施工单位对施工技术的管控依旧不足。首先，施工单位任用的施工人员，有很多是雇佣的临时工，企业为了节约施工成本，会任用那些缺乏专业能力的员工，这些施工人员的学历不高、综合素质也比较低，对于建筑施工方面的知识不了解，实际工作难以达到标准。其次，由于施工单位在施工技术研发方面的投入较少，未能及时通过培训教育等方式提升施工人员的能力，也

未能引进先进的施工设备，使得整个施工工程的技术含量较低，不只是影响了施工速度，施工质量也难以保证。

（三）施工环境的质量管控不到位

施工环境主要包括两个方面，一方面是技术环境，在进行建筑施工之前，施工单位未能充分勘测施工项目所处的地理环境，施工方案与地质情况不相符，影响了施工的质量，另外由于未能考虑到施工过程中气候、天气的变化，没有采取相应的应对措施，也会造成施工质量出现问题。另一方面是作业环境，在施工过程中，施工人员可能需要高空作业、借助施工设备开展工作，由于保护措施不到位或者设备未经调试等原因，也有可能导致施工结果和预期存在偏差，使得工程项目的质量不达标。

（四）对工序工法的管控不力

建筑工程项目一般都比较复杂，涉及的施工环节比较多，工序工法关系着施工进程和质量。施工单位对于工序工法的管控不到位，也会导致质量问题。一是工序工法的设计不合理，设计人员在对施工现场进行勘察时，没有对所有施工要素进行全面、仔细的调查，其勘察结果存在偏差，影响了工序工法的设计。其次，没有专门对不合理工序工法进行纠正的标准，导致不合理的工序工法被应用到实际的施工过程中。最后，未能按照工序工法施工。施工人员在实际的施工过程中太过随意，任意改动施工计划，打乱了施工节奏，从而影响了施工质量。

（五）对分项工程的质量管控不足

建筑工程施工中，会将一个项目划分为多个分项工程，但施工企业在进行质量管控中，却未能针对这些分项进行细化的监督和管理，导致某些分项缺乏管理，存在质量问题，影响了整体的工程质量。另外，由于施工单位没有把握住分项工程中的质量管控核心，导致质量问题凸显出来，使得工程施工质量不合格。

二、建筑工程施工质量管控的可行方法

（一）加强对建筑工程施工人员的管控

首先，施工单位应当设立专门的质量管控部门，掌握整个建筑工程项目的每个阶段的情况，并根据实际施工工作作出合理的管理决策。其次，施工单位平时应当加强对施工人员的培训，使其熟练掌握施工技能，并且针对当前要施工项目中的要点进行强调，让每个施工人员都具有自觉的质量控制意识。最后，企业在任用施工人员的时候，应当选用那些综合素质较高、拥有较强工作能力的人，从人员管控的角度出发，加强对工程施工质量的管控。

（二）加强对施工环境的管控

施工企业应当熟悉工程项目的环境，通过控制施工环境，保障施工质量。首先，施工单位应当在开展施工工作之前，对施工现场进行全面考察，了解地质情况和气候，并且做好应对恶劣天气的准备，从而保证施工质量不受外界环境的影响。另外，施工单位应当对施工项目中一些危险性比较高的环节加强管理，避免施工过程中发生安全事故，在保证安全的前提下，按照标准的施工方案开展工作。除此之外，还应当做好施工机械设备的管理，运用符合施工标准的设备，并且在启用设备之前要做好相应的调试，避免因机械设备的原因，影响施工质量。

（三）加强对工序工法的管控

首先，施工单位应该派专业的勘测人员对施工项目提前进行考察，并对勘测结果进行合理的分析，并在设计工序工法的时候考虑到所有的影响因素，根据实际情况不断地优化施工过程，从而设计出能够顺利进行的工序工法。其次，要有专业岗位针对施工的工序工法进行校验和改正。当施工过程中，出现与原本的工序工法设计不符的情况时，要及时地根据施工需求进行调整，避免不合理的工序工法影响施工质量。最后，要加强对施工过程的管理，保障施工人员严格地按照设计好的工序工法进行施工，从而达到质量管控的目的。

（四）加强对分项工程的质量管控

分项工程的质量，直接关系到整个施工项目的质量。加强对分项工程的质量管控，是保障施工项目质量合格的前提。施工单位应当根据不同的分项工程的特点，选用合理的施工工艺，从而保障分项工程能够满足质量要求。另外，施工单位还应当为每个分项工程安排相应的质量监督管理人员，根据既定的质量标准，对分项工程进行严格的管控，使施工项目的每一部分，都能在保证质量的前提下，按期完成，与其他分项工程相互配合，共同达到整个工程项目的质量标准。

（五）实现建筑工程施工质量管控的保障

要切实落实工程施工质量管控，就必须为管控工作提供相应的保障。首先，企业应当具备强烈的质量管控意识，并且设立相应的管理部门，使其运用管理权限加强对质量的管理。其次，企业应当引进先进的施工技术，从技术层面，提高施工质量。再次，施工单位应当制定相应的质量管控制度，以规章制度对员工工作进行规范，保证其工作质量。最后，企业要投入足够的资金，保障施工工作能够顺利、高效地进行，从而提升工程施工质量。

综上所述，在建筑工程施工过程中，对施工队伍、施工技术、施工环境、工序工法、分部项目管控不严格，都会导致建筑工程施工产生各类质量问题，针对这些问题，建筑工程施工质量管理工作者有必要强化对施工各个要素的把控，从而为建筑工程施工质量的提升提供良好保障。

第二节 浅谈建筑工程施工技术

要想提升建筑工程的施工质量，就必须不断改进建筑工程的施工技术以及加强建筑工程现场施工的管理。虽然，当前我国的建筑施工技术和现场管理存在一些问题，但是，相信在未来的发展中，我国的建筑行业会不断运用创新思维，创新我国的建筑施工技术和施工管理方式，为我国的建筑行业发展开辟新的道路。

一、现场施工管理的应对策略

（一）以建筑信息管理技术为基础的施工管理

科学技术在不断地发展，现场施工管理体系也在不断地创新。当前，我国的建筑现场施工管理效率比较低，已经无法再适应社会对建筑企业现场施工的需求了。因此，需要创造新的建筑施工管理体系。而建筑信息管理技术便应运而生。它以建筑工程项目的数据信息为管理基础，通过建立模型，全真模拟建筑施工现场，这样便能对建筑施工现场进行全方位的把控，实时地进行全面的检测和预控。这样建筑施工现场的管理就变得更加准确与完备。关于具体的建筑施工现场管理，可以利用建筑信息模型的管理技术，对施工现场和施工的机械等管理进行建模。在为施工现场建立模型时，首先需要掌握施工现场的所有情况，必须对施工现场有一个整体的规划，并且对各项重要的环节进行缜密的布置与安排，以此，来达到成功对施工现场进行管理的目的。

（二）对施工现场进行安全技术的管理

安全管理对建筑施工现场来说十分的重要。只有确保安全技术的管理，才能保证重点项目的顺利进行。建筑施工现场管理者可以通过建筑工程项目的特点与组织机构设置的情况，建立安全技术交底制度。安全技术交底管理制度能够分段管理建筑施工项目，明确施工责任和管理责任。而且，安全技术交底制度是由主要技术负责人直接向建筑施工技术负责人进行安全交底，并且，明确了具体的事项，达到了针对性的目的。这种制度保障了现场施工的安全。

二、建筑工程施工技术及现场施工管理的问题

（一）建筑工程施工技术面临的问题

目前，我国建筑工程施工技术主要面临着三大问题。①建筑工程施工图纸技术的问题。图纸技术是一个建筑项目开展的最基础的工程，如果建筑工程施工图纸技术有任何技术上

的问题,那么,将会影响一个建筑工程项目难以得到全面、细致的审查,同时也将影响建筑项目的施工技术,从而导致建筑工程的质量下降。②建筑工程施工预算技术的问题。建筑工程施工预算技术决定着建筑工程的成本投入以及后期的施工管理。如果施工预算出现了任何问题,那么建筑工程将出现后期成本不够,导致工程延期或质量不佳的情况。③建筑工程材料与技术设备准备的问题。建筑工程项目需要建筑工程材料和设备技术作为保障。一旦,工程材料不足或者设备技术不够,施工材料和技术就无法得到全面的审查,那么,建筑工程后期就无法得到技术的维护。当建筑工程设备出现故障的情况下,项目工程质量也随即下降。

(二)现场施工管理面临的问题

我国建筑工程的施工现场十分复杂。因此需要制定科学的管理体系,针对项目,细化管理规则。一旦,施工现场缺乏科学的管理体系,将会出现以下几点问题。建筑实际施工与计划施工之间的偏差。因为施工管理规则没有细化,导致施工时间拖延,实际建筑施工与计划施工不符。建筑施工操作人员的反操作行为。如果施工管理制度不完善,没有相应的规章制度,现场施工人员的被约束意识薄弱,施工人员便会依照自身的意识进行现场施工操作。那么,便会出现一些意想不到的问题,有时甚至会危害到整个建筑工程甚至发生重大生命事故。

三、优化建筑工程施工技术

(一)运用规划性的施工技术

建筑工程施工技术的规范性的提升对建筑施工技术的提高十分重要。规范建筑施工技术不仅符合建筑施工项目的要求,而且顺应时代的发展潮流。因此,如果要运用规范性的建筑施工技术必须要求:对建筑施工图纸进行严格的审核,以免出现技术上的问题,从而影响建筑施工的质量。对建筑施工成本进行全面化的预算。首先,必须对建筑施工的内容进行全面的了解,运用科学的运算方式,仔细认真地进行预算,并且将施工预算与施工日期相结合,使成本预算贯穿与建筑施工的各个环节。对施工材料和设备的技术进行充分的准备。首先,必须建立一个施工材料检查与验收的系统。用来确保建筑施工工程的材料过关,并且实时检查设备的技术是否合格,以此来保证建筑工程施工的稳定进行。

(二)运用建筑工程生态施工技术

随着经济的发展,我国的环境问题也越来越突出。因此,在建筑工程施工中也必须考虑到如何应对环境污染的问题,利用建筑工程生态施工技术的优势,为建筑工程创造新的发展前景。建筑工程生态施工技术,从环保出发,以减少建筑工程施工对环境的污染为目的,以促进建筑项目与周围环境的融合为宗旨,以此来提高建筑工程施工的技术,为建筑企业的发展提供动力。并且，建筑工程生态施工技术的运用，还必须慎重选择建筑材料，充分考虑建筑材料的属性以及建筑施工之后，所产生的建筑垃圾的处理方式等。这些都需要通过仔细地考虑和探讨。

社会经济不断发展，我国建筑工程施工技术也开始逐渐提高。对于建筑工程而言，建筑的质量至关重要，而建筑的质量又与建筑施工技术紧密相关。可见，建筑施工技术对建筑企业的重要性。此外，现场施工管理也同样是建筑企业发展的重要因素。只有提高建筑施工技术和加强现场施工管理，才能促进建筑企业健康发展。本节主要分析建筑工程施工技术和探讨现场施工管理。

第三节 建筑工程施工现场工程质量控制

近年来，随着我国城镇化的不断发展，越来越多的工程质量管理与高难度、大规模以及高质量的质量管理要求难以进行匹配，所以在日常工作中不断加强质量管理模式及其方法的探索具有非常重要的意义。本节首先对建设工程施工现场质量管理的作用进行了分析，其次对目前建设工程施工现场质量管理中存在的主要问题也进行了重点的阐述并且针对相应的问题也提出了具有建设性的意见。

一、建筑工程现场施工质量控制概述

建筑工程在施工过程中，由于工程质量相对比较复杂，并且施工项目比较多，所以在施工过程中需要对质量进行严格控制，这就需要从各个环节入手。其中，在对施工准备环节进行质量控制时，需要根据施工情况进行施工组织的设计，并保证设计过程的有效性与可行性，同时还需要通过有效的方法来提升施工人员的综合素质，以此对整个工程施工质量进行有效地提高。此外，还需要避免一些因素的影响，比如施工材料、人员以及设备等，并在此基础上进行针对性方案的制定，以此提升施工效率。除此之外，建筑行业还需要畸形管理体系的完善，对原材料质量严格把关，这在较大程度上可有效对质量进行有效的控制，不但能够提高施工质量，而且可有效节约施工成本，以此为施工企业经济效益的提升奠定良好基础。

二、建筑工程施工现场工程质量控制出现的问题

（一）监理单位监管不到位

一些监理单位在对工程施工监督的过程中力度不足，主要是因一些监理单位为了追求自身经济利益，导致监理人员配备不能达到要求，并且一些监理人员有缺岗的情况，同时

现场监管系统也不完善，在一定程度上没有对施工现场一些材料以及设备等没有进行有效的检查工作，不但降低了监督质量，而且在较大程度上使施工现场工程质量控制得不到有效提升。

（二）工程施工材料质量不达标

我国建筑工程在施工过程中，在对施工材料进行选择的过程中需要遵守建筑行业相关标准，这对工程质量的提升有较大的帮助。但是，从目前来看，一些施工企业在进行施工材料的选购时没有按照建筑行业标准进行选购，直接导致建筑工程出现质量问题，尤其是混凝土比例不合理、水泥干土块稳定性较差以及掺合料不符合标准等，同时还出现板面开裂的问题，这在一定程度上会造成安全隐患。

（三）管理体制不完善

建筑工程在施工的过程中，管理体制在其中扮演着重要角色，能够对施工过程中的一些质量问题进行有效约束，但是在实际施工过程中，由于管理体制不完善，在较大程度上对工程施工质量管理水平的提升造成影响，使一些施工管理内容过于形式化，不能真正发挥其作用。

三、建筑工程施工现场质量管理应对策略

（一）提高施工人员的综合素质

在所有影响因素中，施工人员的综合素质是其中最为重要的影响因素之一，加强施工人员综合素质的提高，对促进我国建设工程施工现场的质量管理同样具有一定的意义。日常工作中施工人员需要做好自身的本职工作之外，施工单位也要重视加强施工人员的技术技能培训，只有这样才能不断提高施工人员的专业水平以及职业道德素质，进而为确保建设工程施工现场质量管理奠定一定的基础条件。除此之外，也可以广纳吸收人才，尤其是施工技术经验较丰富的人才，这样有利于带动新员工尽快成长，激发新员工的潜能，日常工作中也要给予足够多的时间让新老员工就施工技术方面的问题多进行交流，进而提高施工人员的施工技术水平。

（二）完善监理单位监管工作

建筑工程现场施工质量的提升较大程度上与监理部门全面监督有关，这就需要监理单位完善自身监管工作，肩负其监管责任，同时将监管责任落实到实处。此外，需要对监理单位进行监督程序的完善，对监督报告的标准性进行有效检查，还需要进行监理制度的有效制定，这在较大程度上能够在最大程度上发挥监督作用。

（三）建立统一的质量管理体系，完善质量管理制度

随着社会经济的快速发展以及建筑行业的不断进步，虽然建筑行业整体发展水平有所提升，但是部分施工单位依然沿用传统的建筑工程施工质量管理理念和模式，需要进一步改革创新。实践中可以看到，虽然制定了施工质量管理制度，但是实际中依然缺乏有效的措施和手段，以至于建筑工程施工质量管理只是流于形式，实际效果不好。基于此，笔者人员应当建立专门的管理小组，根据实践工况特点和先进理论，立足于拟建工程项目实况，制定科学和切实可行的建筑工程施工质量管理制度。由于建筑工程施工建设是一项非常复杂的工程，涉及很多方面的影响因素和问题，因此在制定建筑施工质量管理制度过程中应当对多种因素进行综合考虑，并在此基础上形成较为具体的施工质量管理措施，确保措施和方法的切实可行性和高效性。对于建筑工程项目而言，在施工过程中应当加强全过程管控，建筑工程施工决策阶段建设方应当做好准备工作，按照程序严格落实各项工作，以此来保证建筑工程施工管理工作顺利进行。

（四）提高施工原材料质量

建筑材料是建筑工程整体质量的保证，由此可以看出，只有保证原材料质量才能保证建筑行业整体质量的提高，这就需要对材料进行严格的检验，以此达到建筑行业材料设计标准，这也是建筑行业最为重要的环节。此外，还需要在此基础上对生产厂家的正规性进行查看，以确保原材料质量的提升。

综上所述，在企业生产经营过程中，建设工程施工现场质量管理作为其中的重要组成部分，其项目的整体质量与人们的生命财产安全息息相关，所以在日常工作中必须要加强重视有重点、全过程管理，不断完善质量管理体系以及加强施工人员的综合素质和规范其施工技术，只有这样才能确保建设工程施工现场的质量管理，进而推动我国建筑行业的进一步发展。

第四节 工程测绘与建筑工程施工

在新时代背景下，我国经济水平逐步提高，建筑工程得到了人们普遍的关注。在施工项目之中，工程测绘一直都是其中非常重要的一部分，对项目的整体质量有着非常重要的影响。因此，相关人员理应提高重视程度，通过应用合理的措施进行控制，进而确保工程水平可以达到预期的水平。本篇文章主要描述了工程测绘的主要概念，探讨工程测绘在质量监控的主要特点，分析质量控制的主要意义，并对于实际应用方面发表一些个人的观点和看法。

从现阶段发展而言，为了保证建筑项目的水平能够达到预期，前期准备工作极为重要。这其中便包括工程测绘，通过测量的方式，了解项目的各方面数据信息，并绘制成图表，

促使施工人员能够更好地进行工作,进而提升整体质量。

一、工程测绘的主要特点

对于工程测绘来说,自身有着多方面特点,诸如制图调查、图纸设计、材料选用以及尺寸设计等。因此在项目正式开展的过程中,公测测绘人员便需要对所有数据内容进行深入核对,确保没有任何缺陷存在,这也是企业对于质量展开控制的基础前提。对于工程施工本身来说,质量控制的重点核心便是工程测绘,同时还会对于建筑施工的材料、施工方法以及具体应用方面带来非常大的影响。

二、工程测绘在质量监控的主要意义

(一)提升制图工作的整体水平

通过提升施工团队自身的工程测绘技术,可以促使自身工程制图的整体水平得到有效提高,同时也会对建筑物各个不同阶段的质量控制工作带来较大的影响。无论是前期的调查和探索,还是施工之后的管理工作。在实际测绘的时候,如果需要针对地面展开测量,则需要对各类不同的测绘工具予以充分利用,详细把握建筑当前所处的位置、整体形状以及施工规模等。对于设计图本身来说,内容是否完善以及是否达到既定要求,都会对工程测绘带来较大的影响。之后施工团队再进行工程调查,获取图纸在制作时需要耗费的数据资料,防止由于图纸内部存在数据错误,对整个工程造成巨大影响,导致严重的经济损失产生,同时还能确保施工的售后服务得到全面强化。除此之外,工程测绘工作还会对于建筑工程施工的顺利程度带来影响,放在施工的过程之中,部分工作量会有所增加,抑或者某些工作内容出现了多次变动,从而可以和其他企业更好地展开交流工作,彼此交换自己的想法。对于建筑企业来说,理应将工程测绘对建筑质量控制的实际作用全部展现出来,依靠高精度测绘的方式,保证图纸内部的数据更具精确性特点以及准确性特点,进而使得相关研究工作可以取得进一步突破。

(二)提升施工的整体质量

在近些年之中,我国的发展速度越来越快,尤其是经济增长速度方面,完全超出了早年的预期,从而对整个施工过程带来了巨大影响。对于施工的每一个阶段,施工企业都需要采取一些具有较高精确性且十分高效的测绘方式,并将现有的施工资源整合在一起,采取相关措施予以合理配置,为项目地正常开展奠定良好的基础,同时还能施工项目的有效性有所提升。当然,对于测绘工作来说,实际作用并非仅仅如此,在施工的过程中之中,无论是资金成本投入、设备使用还是人力资源方面都能够起到非常好的推动效果,从而使得系统能够及时得到更新,部分不足之处也能有所完善,同时还能对于数据出现的各类异常情况进行有效控制。对于建筑工程自身来说,不论哪一类建筑,质量都是其中最为重要的一项基础因素，施工质量的控制效果往往会直接取决于前期调查以及测量的具体结果。由此能够看出，按照规定要求展开测绘，可以使得计划经济变得更为合理，同时还能使得工程选址的精确度有所提升，以防会有严重的误差问题出现。如此一来，项目在实际开展的时候，对于周边乡镇带来的影响将会降至最低。在进行工程测绘的时候，还能完成定期测绘，以此得到相关数据资料，从而便能能够个及时找出其中存在的各方面问题，并通过最为有效的措施进行处理，以防会有任何意外情况产生。不仅如此，在项目开展的过程之中，所有数据、资料、报告内容以及电子资料都会被工程测绘所影响，从而变得更为完善。

三、工程测绘在建筑施工中的实际应用

（一）布点和测量工作

项目开始前，会直接提供高程控制点及其他各方面的数据资料。之后再基于资料的内容在建筑物的四个方向分别设置一个固定的控制点，之后再将这些控制点以甲方的要求展开控制。基于当前场地的具体情况，对其中的部分数据展开相应的调整，如果建筑物周围的场地十分狭窄，东西向的控制点可以设置在东边，而南北向的控制点便能够设置在北边，同时还要保证实际布设足够集中，不能过于分散。而对于西、南两侧位置来说，单纯展开远向的复核控制点布设即可。之后项目便进入到了测试阶段，基于三等水准的要求展开测量。所有控制点都需要布设于周边的马路或者建筑物上方，同时还要保证其通视水平得到的要求。如此一来，施工人员在应用正倒镜分中法或者后视法的时候，全部都能确保测量的内容可以时刻控制在预期的范围之中。

（二）轴线和控制线的放样

首先，针对整个场地展开详细观察。并将场地的实际情况以及建筑物结构的基本特点考虑进来，以此能够对测量工作展开合理控制。同时还要时刻遵循逐级控制的基础原则，由整体到局部，先针对整体展开控制，之后再逐步扩散到局部位置进行测量。基于场地当前的通视条件和场地的具体要求，将城市原本的导线点当作是控制点进行控制，确保其能够以场地为中心进行环绕，从而能形成首级控制导线网。在实际进行施工测量的时候，工作人员可以通过内外相结合的控制模式，一般将内控作为主要基础，而外控则能够算作是辅助，确保内外测量能够联系在一起。如果在进行轴线控制的时候，施工人员选择方格网的方式进行控制，最好不要选择边长长度过长的轴线，并将其看作是二级导线，将由于工程过大高差而产生的 1 角影响不断降低，防止工作人员在测量放样的过程中，地上部分会和地下部分之间出现了超差的问题。在原有的基础护坡位置，提前设置形状为"十"字的首要控制点，从而能够更好地对 1 级导线以及 2 级导线展开检核，确保实际得到的数据资料能够和控制测量的精度保持一致。最后则是通过正倒镜头的方式对控制点进行投测，之后再进行平差和复核，依靠直角坐标系的方式或者内分法的方式，促使墙体本身的控制线

以及诸多细部线的方式展开测放。例如，在前期挖基坑的时候，工作人员便可以对边坡位置的上下口弦展开控制，同时具体的外放量则需要将坡度本身的情况考虑进来，以此提升计算的精确度。为了保证层间检测更具便利性，还需要提前在各个流水段之中设置好所有预留点，以此确保其密度达到要求。对于主楼而言，每一层都需要提前至少预留9个轴线控制点，并及时采取多种不同的方式对层间放线展开负荷。不仅如此，工作人员还需要依靠激光铅直仪法的方式对大凌空层间中不是特别复杂的点位进行验证和审核。

四、测绘工程提高质量控制的方法

其一是精度控制，为了保证施工进度和质量达到预期，理应创设平面控制网。基于这一情况在实际选择时，必须确保其达到规定的要求。同时还要尽可能将多方面因素考虑进来。

其二是标高传递，在实际测量的时候，应当参照项目施工的具体情况，采用三等水准点展开测量，并对于误差予以合理控制。这其中，出现概率最高的便是系统误差。

其三高程控制点的测量，在实际测量时，理应考虑三个方面。首先在侧脸高的时候，必须要参照设计单位提供的基准点，以此保证测量精度较高。其次是在布置三等水准点的过程中，必须有效把握水准点和建筑之间的距离，一般最好不能超过20m。最后则是对精度范围展开复核，确定其达到规定要求之后，才能进行水准点的使用。

综上所述，在当前时代中，人们对于工程测绘工作的技术和质量均有着非常高的要求。为此，相关人员理应做好技术研究的工作，通过合理的措施确保其控制效果有所提升，进而提升整个建筑物自身的整体质量。

第五节　建筑工程施工安全监理

通过做好工程监理工作，不仅能够确保工程质量、安全达标，同时可以提高工程的经济与社会效益。但是，当前形势下，建筑工程施工安全监理管理水平仍然有待提高。本节先对建筑工程施工安全监理的现状进行探讨，并进一步研究当前施工安全监理存在的问题与不足，接着指出了提高建筑工程施工安全监理水平的有效措施，以期对相关同行做参考。

随着我国城市建设进程的不断推进，建筑工程在城市建设中占有越来越重要的地位，其不仅关系着人民群众的日常生活水平，还与城市整体形象息息相关，由此可见，建筑工程在城市建设中发挥着巨大的作用。在目前我国的工程监理中，由于受到建筑市场不稳定因素的影响，法律法规没有得到改善，仍有许多问题需要解决。诸如，施工安全事故频发，施工单位安全管理体系不健全，管理制度、人员落不到实处，施工安全监理管理不到位。建筑行业需要研究和解决这些问题，以推动行业积极发展。要建立健全建筑工程施工安全监理服务标准与奖罚体系，不断提高监理人员的综合素养，确保监理行业的健康发展。

一、我国建筑工程施工安全监理的现状

首先，建筑行业的特殊之处在于其占用的人力资源较大。由于建筑业作为劳动密集型产业，其施工人员的管理难度较大。在建筑工程项目的施工阶段，分工非常复杂，工作量大，人员流动性大。这些问题进一步加剧了项目施工安全监理管理的难度。其次，在建筑工程项目施工过程中，对从业人员的施工技能具有较高的要求，同时要求具备相当的专业知识。此外，现在员工自身也有很多不足。由于项目所需的工人规模较大，施工单位无法做到针对每个人的详细情况进行了解掌握，造成施工人员水平颇有偏差。另一方面，未受过良好教育的工人倾向于使用非标准操作，这极大地影响了项目的施工安全管理，也给项目安全管理埋下了较大的安全事故隐患。第三，从根本上讲，施工单位的项目安全管理组织架构不健全不完善，将造成项目施工安全监理管理非常的困难。虽然我国目前的建筑业早已初具规模，并形成了基于建设工程承包的基本组织结构，但作为施工企业的管理层，在工程中尚未实施完善的组织结构，产生了重大的施工安全监理管理漏洞问题。

二、当前安全监理存在的问题与不足

（一）建筑施工安全的法律法规并不完善

建筑行业正在蓬勃发展。但是，现行的建筑安全法规已不能满足当前的施工条件。由于法律的滞后，越来越多的建设单位开始利用法律漏洞，如无证设计、无证施工、超限施工等屡有发生，给建筑工程施工带来严重的安全隐患。

（二）安全管理和监督体系不完善

在新形势下，工程总承包制度是建筑工程的一种常见形式。然而，大多数承包商还没有建立健全安全管理和监督体系，而只是注重缩短工期。这完全背离了安全建设的制度，在管理上存在着更多的安全风险。然而，一些建设单位虽然制定了安全管理办法，却没有实施和完善安全管理规定。因此，在现阶段，建筑工程施工现场的安全管理和监督体系仍不完善。

（三）施工人员素质不高，安全意识薄弱

一方面，建筑工人的教育水平普遍偏低，素质不高。他们仅略知自己在做什么，对建筑工程安全生产法律法规和设计要求没有清晰的理解。另一方面，施工单位或企业在施工前对建筑工人没有集中培训，导致建筑工人对工作的理解存在很大差距。所有这些都导致建筑工人缺乏安全意识。其中，建筑工程施工安全管理中消防安全意识的缺失越来越严重。由于建筑工程一般工程量较大，施工周期长，许多施工单位加快进度，为了方便施工，部分施工人员直接住在施工现场。施工人员长期居住在施工现场，生活设施简单，有的布线已经老化，内部布线暴露；加上集中用电，电源压力高，容易擦生火花，引起火灾。此外，

施工人员流动性大、素质参差不齐、安全意识薄弱、协调管理困难等都是造成施工过程中安全问题的潜在因素。此外，建设单位不十分重视"安全第一"的原则。一旦发生事故，相应的应急措施没有到位，施工人员无法启动。

（四）安全监管不到位，监管薄弱

建筑工程施工安全管理与安全监管密不可分。如果没有安全监管，将给施工过程带来非常严重的安全隐患，影响工程的施工安全。建设单位、监理单位和政府监督管理部门在建筑工程施工安全监督管理中发挥着重要作用。任何偏离或忽略这三个主题都将导致危机。首先，施工单位自身安全生产管理和措施不到位，为了跟上施工进度和降低成本，很多施工单位安全设施和设备没有配备到位，施工设备报检不到位，施工工人往往忽视安全和质量问题，工程监理不够严格，力度不够强，只关注形式，没有严格的制度去约束他们的行为。第二，监理单位的监督检查工作存在盲点。监理人员如果未经上级允许擅自离开，谋取个人利益和其他违规行为，将会对整个项目的施工安全管理造成严重的影响。最后，政府监管当局应该发挥应有的作用。目前仍然存在监管人员素质低、追求私利、监管不足等问题。这主要是由于政府监管机构的管理力度不够，责任制度尚未落实。这不仅延缓了项目的施工进度，也鼓励了一些监理人员抓住机遇，谋求私利，为项目后期可能发生的危机埋下了伏笔。第三，操作人员素质不高，缺乏社会责任感和安全意识，工作时马虎行事，匆忙决定，导致监管工作无法真正贯彻和落实，无法达到相应的标准，最后只会给施工带来很大的损失，给项目的质量造成很大的威胁，也造成经济损失，而且还会给施工带来安全隐患和不利影响。

三、提高建筑工程施工安全监理水平的有效措施

（一）加强安全立法，完善建筑工程的相关法律法规

国家应该完善建筑工程的安全生产法律法规，为参建单位和人员安全生产提供法律和制度保障。这不仅需要加强安全立法，弥补现有法律的不足。还应督促各参建单位建立安全管理体系，改善和优化组织结构的工作环境，必须从根本上解决安全问题。首先，施工单位作为建筑工程施工安全管理的责任主体，要加强对施工安全观的认识和教育。建设施工队的施工安全管理制度应当在单位内部建立，各部门、各环节工作人员都必须参与，提高施工队伍和监督人员的积极性。其次，政府的执法部门应该："执法必须严格，违法必须被起诉"。建设单位要严肃处理违纪违法行为。监管者必须依法办事，并定期对施工单位进行监督。发现施工方法不当，施工设备不合格，应当立即进行制止处理。根据项目建设的实际情况，立法部门应完善相关的施工安全法规和生产安全法规，为建筑工程施工安全管理提供法律保障。

（二）督促施工企业完善相关安全管理制度

监理应督促施工企业结合各自的实际情况，参考自身的专业设备配备水平、专业人员雇用数量等因素建设最符合自身的完善的安全管理体系。项目施工过程中施工安全管理组织结构的完善程度直接决定了项目施工安全管理体系的合理性，以及安全事故的出现频率。安全管理成效好坏直接取决于施工安全生产管理体系的完善程度，如果施工安全生产管理体系的完善程度不高，那么实际操作过程中诸多突发的意外因素便会直接影响到工程施工的安全程度。因此一个合理且完备的安全管理制度是建筑工程施工中不可或缺的后备支持。

（三）加强施工设备的安全监理管理

施工现场设备的安全性也是建筑工程施工安全管理中有待解决的问题之一。先进的设备直接影响项目的质量和进度，特别是建筑工程施工所需的大型设备必须严格控制和管理。建筑工程施工过程中应用的机械设备众多，如土方施工设备、吊装类施工设备、垂直运输施工设备等，其安全管理一直是施工安全管理中的一项重要环节。施工前和施工后，应进行检查和评估，以消除摇篮中潜在的安全隐患。在设备进入施工现场之前，安排专业安全检查员对设备进行评估，记录设备数据并归档；设备使用后，仍需对设备进行再次监测。当发现故障时，应及时报告维修，以确保设备在后期的顺利使用，不延误施工进度。此外，其他小型设备的安全性能也应定期监测，日常维护也是必不可少的，以逐一消除可避免的潜在安全危害。监理可以通过检查施工机械、设备安排是否合理、确保设备的投入数量以及使用周期，在确保设备利用率的同时，也应定期检查机械设备的定期维护保养情况，确保机械设备的使用安全性，如若工程时间紧急，检修工作也可在施工间隙完成。

（四）加强施工管理人员的监理管理

增强施工管理人员安全施工的责任感，可以有效地避免建筑工程施工中出现的安全问题。对施工人员进行管理的第一步便是人员筛选以及合理分配问题，人员挑选期间应首先将患有高血压、心脏病、恐高症等病症的人员排除出一线作业人员的候选名单。监理应督促施工企业与固定医疗企业合作，定期为从业人员安排体质检查，避免工程作业期间出现施工人员发病的现象。建立触碰安全生产高压线的检查处罚制度，安全生产培训与处罚并行。住建部37号令、31号文这个文件各部门都引起了极大的重视。督促施工企业对已雇佣的施工人员进行安全知识培训，并在公告栏张贴安全知识宣传页、定期组织安全知识宣传会议，确保一线操作人员具有一定的安全知识储备，并在突发情况下可以进行一定的应急处理以及自我保护措施。在特种人员招收时应确保其具有专业的从业资格证书，对工程负责的同时也是对从业人员的负责。结合工程建设安全生产法律法规，重点对典型安全事故进行分析，并对其教训进行整体论述，以深化公众的安全意识。

（五）建立安全生产长期意识，杜绝麻痹思想出现

首先，安全生产管理工作是一项持续性的工作，只有起点，没有终点。对于某些工序，是一个循环的工程，需要长期坚持，常抓不懈，不断完善。其次安全生产管理需要主动出击，预防在前，不能被动接受。

（六）监理人员发现施工现场存在较大安全事故隐患时，要立即制止，及时上报安全生产管理情况

项目监理人员在实施监理过程中，如果看见施工人员不戴安全帽进入工地，施工违规操作等应立即制止；如发现工程施工存在安全事故隐患时，应签发监理通知单，要求施工单位进行整改，情况严重时，应签发工程暂停令，并及时报告建设单位，如施工单位拒不整改或不暂停施工时，项目监理机构应及时向有关主管部门报送监理报告。

综上所述，社会经济与科学技术的发展对建筑工程施工行业提供了发展机遇，尽管当前国家在施工技术方面已经取得一定的成就与发展，但是仍然在建筑工程施工安全监理管理方面存在一些弊端，给建筑工程施工安全管理造成了不良影响，近几年来由于施工单位安全管理体系不健全、制度不完善、管理不到位及监理单位在施工安全管理方面履职不到位而发生安全事故的事件时有发生。由于工程监理已经对建筑方面的发展与升级形成了很大的影响。所以如何提高建筑工程施工安全监理水平已经成为建筑工程施工安全管理必须面对并完善的重要问题。

第六节　建筑工程施工安全综述

建筑工程项目往往有着单一性、流动性、密集性、多专业协调的特征，其作业环境比较局限，难度较大，且施工现场存在着诸多不确定性因素，容易发生安全事故。在这个背景下，为了保障建筑安全生产，应将更多精力放在建筑工程施工安全管理上。下面，将先分析建筑工程施工安全事故诱因，再详细阐述相关安全管理策略，旨在打造一个安全施工环境，保证施工安全。

一、建筑工程施工安全事故诱因分析

建筑工程施工安全事故诱因主要体现于几个方面：（1）人为因素。人为失误所引起的不安全行为原因主要有生理、教育、心理、环境因素。从生理方面来看，当一个人带病上班或者有耳鸣等生理缺陷，极易产生失误行为。从心理方面来看，当一个人有自负、惰性、行为草率等心理问题，会在工作中频繁出现失误情况，最终诱发施工安全事故。（2）物的因素，其主要体现于当物处于一种非安全状态，会发生高空坠落不安全情况。如钢筋

混凝土高空坠落、机器设备高空坠落等等，都是安全事故的重要体现。（3）环境因素。即在特大雨雪等恶劣环境下施工，无形中会增大安全事故发生可能性。

二、建筑工程施工安全管理对策

（一）加强施工安全文化管理

在建筑工程施工期间，要积极普及施工安全文化，加强施工安全文化建设。施工安全文化，包括了基础安全文化和专业安全文化，应在文化传播过程中采取多种宣传方式。如在公司大厅放置一台电视机，用来传播"态度决定一切，细节决定成败""合格的员工从严格遵守开始"等企业安全文化口号。在安全文化宣传期间，还可制定一个文化墙，用来展示公司简介、发展理念、"施工安全典范标榜人物""安全培训专栏"等，向全员普及施工安全文化，管理好建筑工程施工安全问题。而对于施工安全文化的建设，要切实做好培育工作，帮助每一位施工人员树立起良好的安全价值观、安全生产观，从根本上解决人的问题。同时，在企业安全文化建设期间，要提醒施工人员时刻约束自己的建筑生产安全不良状态，谨记"安全第一"。另外，要依据企业发展战略，建设安全文件，让施工人员在有章可循基础上积极调整自己的工作状态，避免出现工作失误情况影响施工安全。

（二）加强施工安全生产教育

在建筑工程施工中，安全生产教育十分紧迫，可有效控制不安全行为，降低安全事故发生概率。对于安全生产教育，要将安全思想教育、安全技术教育作为重点教育内容。其中，在安全思想教育阶段，应面向全体施工人员，向他们讲授建筑法律法规、生产纪律等理论知识。同时，选择一些比较典型的安全生产安全事故案例，警醒施工人员约束自己的违章作业和违章指挥行为，让施工人员真正了解到不安全行为所带来的严重影响。在安全技术教育阶段，要积极针对施工人员技术操作进行再培训。包括混凝土施工技术、模板工程施工技术、建筑防水施工技术、爆破工程施工技术等等，提高施工人员技术水平，减少技术操作失误可能性。在施工安全生产教育活动中，还要注意提高施工人员安全生产素质。因部分施工人员来自农村务工人员，他们整体素质较低，缺少施工经验。针对这一种情况，要加大对这一类施工人员的安全生产教育，提高他们安全意识。同时，要定期组织形式不同的安全生产教育活动，且不定期考察全体人员安全生产素质表现，有效改善施工安全问题。在施工安全生产教育活动中，也要对管理人员安全管理水平进行系统化培训，确保他们能够落实好施工中新工艺、新技术等的安全管理。

（三）加强施工安全体系完善

为了解决建筑工程施工中相关安全问题，要注意完善施工安全体系。对于施工安全体系的完善，应把握好几个要点问题：（1）要围绕"安全第一，预防为主"这个指导方针，鼓励施工单位、建设单位、勘察设计单位、工程监理单位、分包单位全员参与施工安全体系的编制，以"零事故"为目标，合作完成施工安全体系内容的制定，共同执行安全管理制度，向"重安全、重效率"方向转变。（2）要在保证全员参与体系内容制定基础上，逐一明确体系中总则、安全管理方针、目标、安全组织机构、安全资质、安全生产责任制、项目生产管理各项细则。其中，在项目生产管理体系中，要逐一完善安全生产教育培训管理制度、项目安全检查制度、安全事故处理报告制度、安全技术交底制度等。在项目安全检查制度中，明确要求应按照制度规定对制度落实、机械设备、施工现场等事故隐患进行全方位检查，避免人的因素、环境因素、物的因素所引起的安全问题。同时，明确规定要每月举行一次安全排查活动，主要负责对技术、施工等方面的安全问题进行排查，一旦发现问题所在，立即下达安全监察通知书，实现对施工安全问题的实时监督，及时整改安全技术等方面问题。在安全技术交底技术中，要明确规定必须进行新工艺、新技术、设备安装等的技术交底。

综上所述，人为因素、物的因素、环境因素会导致建筑工程施工安全事故，为降低这些因素所带来的影响，保证建筑工程施工安全，要做好施工安全文化管理工作，积极宣传施工安全文化概念和内涵，加强安全文化建设。同时，要做好施工安全生产方面的教育工作，要注意组织施工单位、建设单位、勘察设计单位、工程监理单位合作构建施工安全管理体系，高效控制施工中安全问题。

第三章 建筑工程施工技术

第一节 高层建筑工程施工技术

随着城市化进程持续加快，紧俏的城市土地资源，高层建筑受到城市与建筑师的青睐，需要的建筑施工技术也比较提高，持续研发新的高层建筑施工技术，持续引进与革新国内外优秀的施工技术理论并联合本身实践经验，拟订跟建筑单位的相对完备的高层建筑工程施工技术体系相符的，为中国高层建筑项目施工技术的进一步发展提供动力。所以，高层建筑有着需要进一步的发展的需要，也是将来建筑项目发展的主流方向之一。

一、高层建筑施工建设特点

施工工艺要求高。高层建筑施工的基础原料现阶段必须为钢材以及钢筋混凝土，同时由于现在建筑市场的建筑材料混杂，为了确保高层建筑钢筋混凝土现浇工程的施工质量，施工单位需要对建筑市场上现有的建筑制品以及建筑模板的施工工艺进行深入研究。另外建筑企业只有满足普通大众的需要，才能够在竞争如此激烈的市场环境中占据一席之地，实现高层建筑平面设计类型的个性化、多样化，选用个性、独特、民族的立体造型，有效处理高层建筑以及周围环境之间的关系，选择有效的方法使高层建筑以及其周边环境得以有机融合。除此之外，高层建筑由于自身的电气设备以及层次较多，应当更加地重视建筑的防水设施以及消防设施，提升建筑的安全性，营造给建筑用户安全、可靠的使用环境，这也是提升高层建筑工程质量的有效保证。

高层建筑施工建设用时长。一栋多层住宅从建设施工到竣工平均工期是 10 个月，高层建筑所需要的施工工期则是两年左右。而想要缩短高层建筑施工工期，则需要减少建筑装饰施工周期或者是建筑结构施工周期。高层结构体系的不同可以选择不同的施工工艺，但不管选用何种施工工艺都需要进行混凝土现浇，这也是现阶段高层建筑施工建设必不可少的工序，而科学的选择使用模板体系不仅能够有效减少施工成本，同时也能够减少主体结构施工周期。

二、高层建筑施工技术要点

混凝土施工技术要点。在建筑工程施工过程中，强化对混凝土施工的质量控制尤为必要，尤其是高程建筑工程，对于混凝土施工的要求更高。在施工过程中，首先要根据工程建设需要以及工程建筑的质量标准进行混凝土材料配比，从而保障混凝土的质量，强化混凝土施工质量。在进行混凝土材料配比时，应注意水泥材料的选用，尽量选择水化热现象较轻的水泥材料，有时还可以适当地减少水泥比重。混凝土要根据工程的建设需要进行拌和工作，防止发生混凝土剩余的状况，因为剩余的混凝土会由于长时间搁置会逐渐开裂、受损，难以适应建筑工程的质量要求。此外，在混凝土施工过程中，应先对混凝土质量进行监测，监测无误后再进行施工操作。在进行混凝土施工时一定要按照工程的施工要求标准进行施工工作，保障混凝土施工质量。

钢筋施工要点。钢筋工程是高层建筑工程施工过程中必不可少的施工环节，在这一环节过程中，一定要把握好钢筋工程的施工要点，控制好钢筋工程和的施工质量，避免对混凝土的结构和质量造成破坏，为以后施工环节的正常展开奠定基础。①在钢筋工程施工开始前，应对钢筋材料的质量进行严格监测。在这一阶段，发现质量不符合工程建设要求标准的钢筋材料应及时更换，避免影响工程施工质量。②应对进场钢筋进行检测工作。一般来说，钢筋材料都要经过严格的质量检测才能进场，但是为了保障钢筋工程的施工质量，还应对进场钢筋进行进一步的质量检测工作。在这一阶段，可以采用抽样检测方式检查钢筋的质量。③在钢筋工程施工过程中，应做好钢筋的换代工作。由于高层建筑施工工程的施工难度比较大，所以施工人员在进行施工过程中难免会出现施工操作失误等现象这时就需要对钢筋材料进行及时的换代工作。但是在进行钢筋换代时，应注意替换钢筋的质量要符合高层建筑工程质量要求标准，避免影响工程的施工质量。④要做好钢筋加工与连接的质量工作。按照工程的设计要求以及工程施工标准进行钢筋加工与连接施工工作，确保钢筋工程施工质量，保障钢筋结构的安全性和稳定性。

电气工程施工要点。在具体的施工过程中，应注意以下几点施工要点：①要做好对高层建筑电气工程的设计工作。其中包括对高层建筑的照明系统、通信系统以及防雷系统等的设计工作，例如在照明系统的设计过程中，应注意最大化地利用自然光源，从而为用户提供更好的生活服务。②要加强对照明系统的施工要点控制。在施工时应根据工程的具体设计要求进行施工操作，保障照明系统施工质量。此外，还应精简照明线路，防止发生线路混乱的现象，减少安全隐患。③在高层建筑施工过程中，还应注意防雷系统的建设。在实际施工过程中，应将防雷工程建设落到实处，可以结合建筑工程的周围环境、建筑外形等因素，综合考虑，最终确定防雷系统建设，为用户的生命安全提供保障。

基桩施工要点。目前，我国高层建筑工程主要采用的施工技术有灌注桩施工技术、预制桩施工技术、高层钢结构施工技术等，在具体的施工过程中，应对各种施工技术的施工要点控制。①灌注桩施工技术。在进行灌注桩施工时，应注意进行全面的检查工作此外还应注意对作业面进行排水工作。②预制桩施工技术。在进行预制桩施工之前,应根据工程建设需要选择合理的预制桩施工技术,从而保障工程的施工质量。此外,还应注意不同施工技术对于施工操作具有不同要求标准。

结构转层施工技术。在高层建筑工程施工的过程中,施工人员需对建筑顶端轴线位置进行相应的调控,对上部顶端轴线位置的要求较小,而对于下部建筑物轴线的位置要求较高,施工人员需进行较大的调整。

建筑过程中的技术要领是一种相反的状态,在此种情况下,便使建筑工程施工技术与实际应用过程存在一定程度的差距,所以需运用特殊的工法进行房屋建筑工程的修建,在建筑施工的过程中,建筑人员需对楼层设置相应的转换层,在此种结构模式中,当发生地震的时候,楼层的抗震性便能得到相应程度的增强。此外,在建筑的过程中,建筑人员需对楼层的结构转换层的高度进行一定程度的限制,在合适的高度基础上,楼层的安全性才能得到相应程度的保障,进而人民的生命健康免受威胁。

总体来说,高层建筑的出现使得建筑施工工艺要求有所提升。在对高层建筑进行设计时,设计部门一定要时刻遵守高效、标准以及科学这三项原则,高层建筑施工人员需要将施工工艺要求以及建筑本身的特点相结合,提升关键环节施工工艺的规范性以及科学性,严格管理所有建设设备,确保设备质量,同时确保建筑施工的安全性、可靠性,因地制宜,安全合理,这样才可以提升高层建筑的建设施工质量,有效加强高层建筑的建设水准,这样才能够提供给用户更加安全、可靠的使用环境。

第二节 建筑工程施工测量放线技术

建筑工程施工质量在很大程度上受到测量放线技术的应用影响,技术的高质量应用也长期受到建筑业重视。基于此,本节将简单分析建筑工程施工测量放线技术的基本应用,并结合实例,深入探讨异形结构建筑施工测量放线技术的应用,希望研究内容能够为相关从业人员带来一定启发。

测量放线技术的应用直接关系着建筑工程施工的精确度,可以将其视作转化设计图纸为实际工程的重要途径,建筑工程地基施工、混凝土浇筑、金属结构和机电设备安装质量均会受到测量放线技术的直接影响。为实现测量放线技术的高水平应用,正是本节围绕建筑工程施工测量放线技术开展具体研究的原因所在。

一、建筑工程施工测量放线技术的基本应用

基本方法。直线段定位放线与曲线定位放线属于最为常见的建筑工程施工测量放线技术。直线段定位放线的难度较低,较为适用于地形平缓的地段,一般采用测距仪和经纬仪

完成测量放线，测量定向由经纬仪负责，定位放线的最终完成需采用测距仪；曲线定位放线也能够较好服务于建筑工程施工，其能够较好满足非直线定位放线需求，弥补直线段定位放线存在的不足，因此曲线定位放线可较好用于非直线定位放线需求地区。在具体的非直线定位放线过程中，一般搭配直线、弧线、圆线进行测量放线，测量精准度也能够由此得到保障，配合XY轴坐标实现辅助定位，双坐标定位方法的采用可进一步提升测量放线精确度。

校核要求。在建筑工程施工中，放线测量的成果大部分需要立刻交付使用，且多数不会再次开展准确性测量，因此建筑工程施工测量放线技术的应用需做好自我校核，以此保证失误能够在最短时间发现并进行纠正。在主要轴线点的校核中，可采用单三角形、三边测距交会、三点交会等方法，轴线点位的测定不得采用2点测角开展；在工程轮廓点的校核中，需保证定点测量基于测角交会法开展，测量过程需选择3个测量方向，校核方向为第3个方向，定点选择测角的后方交会处，以此实现对4个方向的同时观测。校核的条件应选择4组坐标，保证无论采用何种放样方法，放样定点均在轮廓点之前，同时对比理论值，保证粗差能够在最短时间内发现。此外，在精密放样一些规则图形的过程中，放样点之间的关联需在施工现场开展随时检查，高程放样的光电测距仪使用则需要采用往返的观测方式，水准仪的应用需要采用相同方式；在测站定向环节的仪器使用中，为观测方位角是否符合，需后视2个确定的方向。对于精度要求不高且较为简单情况，观测需基于水平角进行，如需要进行倾斜改正操作或一定高程，需观测一次天顶距，避免放样过程出现没有校核条件且仅仅进行半测的情况发生。

复测要点。为保证建筑工程施工的最终质量，完成测量放线后的复测同样需要得到重视，复测的目的在于检查整个建筑工程的平面位置及高程数据是否符合设计且满足规范要求。结合调查可以确定，忽视复测工作很容易造成建筑工程施工测量放线方面的事故，因此必须对设计图纸、建筑物定位、水准点高程进行复测。在对设计图纸的复测过程中，全面校核需基于施工设计图纸明确标注的尺寸展开，还需要校对总平面图中相关数据及建筑物具体坐标，以及基础图及平面图中标高的具体尺寸、中轴线的位置、符号等内容，分段长度与各段长度的一致性也需要得到重视。对于矩形建筑物来说，复测还需要关注两对边尺寸的一致性，局部尺寸变更对其他尺寸的影响也需要得到重视；建筑物定位复测需基于定位控制桩，基于图纸当中标注的数据，对比建筑物的标高、几何尺寸、角点坐标等数据，确定工程精度要求能否满足。还应对建筑物方向准确性进行整体观察，桩移位引发的位置偏移等意外情况需得到重点关注，如发现问题，需及时纠正；水准点高程的复测也不容忽视，复测过程往返观测2次，测设水准点需基于图纸标准数据进行，通过准确的校核，预防高程使用失误问题出现，否则建筑物很容易出现升高等异常情况。

二、实例分析

工程概况。以某地集商业与办公为一体的3栋高层建筑作为研究对象，工程占地面积、建筑面积分别为115440m²与520240m²，最高一栋建筑的高度为200m。由于3栋高层建筑均属于异形结构建筑，拥有形状不一的每层外围轮廓线，同一层不同位置也拥有不尽相同的轮廓线曲率半径。深入分析可以发现，工程属于超高层建筑，高程和平面控制网垂直传递距离长，测站转换多，体形奇特，较多的高空作业均大大提升了测量放线工作难度，需采用特殊装置，并严格控制测量放线精度，各施工层上放线、轴线竖向投测、标高竖向传递等测量放线环节，均对测量放线工作提出了较高挑战。为实现建筑工程施工测量放线技术的高水平应用，工程采用了BIM技术并针对性建设了建筑施工模型，在BIM技术和建筑施工模型支持下，图纸在项目中的位置得以确定，放线测量也得以顺利推进，因此工程逐步完成了测量放线控制轴网设定与双曲率弧形外围轮廓线定位方案。

测量放线控制轴网设定。在测量放线控制轴网设定过程中，需首先布设平面控制网，考虑到工程施工场地地势平坦、工况复杂、工程量巨大，采用一级平面控制网与导线控制网。在对施工场地各种因素综合考虑后，共布设平面控制点5个，以此满足设计要求，在测定平面控制导线网的过程中，《工程测量规范》（GB50026-2016）中的相关技术规定得到了严格遵循；在内控点布设过程中，结合具体的施工测量需求，在封闭建筑物围护结构前，需进行外部控制向内部控制的转移。轴线竖向投测采用内控法，预埋钢板于最底层底板，采用划"+"字线钻孔作为基准点，预留200mm×200mm²孔洞于各层楼板对应位置，满足传递轴线需要。在已建成的建筑物测量标志或预埋件上设置内控点，结合施工条件、定位轴线测设需要、后浇带的影响，共设置32个内控点，以此保证每段施工流水段拥有至少3个内控点。采用边角测量和极坐标放样相结合的方式进行内控点的引测；作为首层及各层竖向控制与结构放线、基槽(坑)开挖后基础放线的基本依据，建筑物主轴线控制桩的位置需标注于施工现场总平面布置图中，在进行轴线竖向投测前，需对基准点、控制桩进行检测，保证其位置准确，并将误差控制在3H/10000内。投测至施工层的控制轴线需保证闭合图形可顺利组成，且需要基于钢尺长度控制间距，保证间距最大为钢尺长度。在完成控制轴线投测后，需对投测轴线进行检测，施工线与细部轴线的测设需在闭合后进行。

双曲率弧形外围轮廓线定位方案。为更好保证施工顺利开展，建筑双曲率弧形外围轮廓线定位、变曲率曲线边沿放样坐标点选定、基于后方交会施测方法的通视干扰部位处理、基于坐标转换的不宜架设仪器部位处理均需要得到重视。在双曲率弧形外围轮廓线定位过程中，如采用多线段拟合完成复杂曲线，较大的工作量很容易导出错误的出现，而如果减少拟合线段，施工精度要求则无法得到满足。因此，采用"搓层放样、控制安装、实时监测"方案进行外围轮廓线放样，具体流程可概括为："N+1层鱼头鱼尾曲线位置在N层精细放出→基于吊线坠的方式进行N+1层模板安装施工→测量、验收模板变形情况与安装精度，同时检查垂直度→混凝土浇筑→轮廓复核"；传统的几何作图法、经纬仪测角法、直接拉线法无法满足工程的变曲率结构需要，因此采用二分法进行变曲率曲线边沿放样坐标点选定。对于工程中存在的变曲率曲面结构（无标准层），需结合实际分解变曲率结构，并将设计曲率（无法直接施工）转化为微小直线段（施工中人为操作），配合等分过圆弧顶点切线法，即可保证测量放线精度，满足后续施工需要；施工现场复杂的条件使得部分内控点会出现通视干扰问题，为减少内控点通视受到的影响，楼层结构板边的施测采用后方交会法，转站的误差累积也能够由此避免；不宜架设仪器部位处理采用坐标转换方式，配合自由设站测量，即可基于合适位置架设的全站仪，测量外围轮廓转折点上模板的坐标，同时对3个内控点进行精确测量，即可基于模板检测坐标开展针对性的坐标转换。

综上所述，建筑工程施工测量放线技术的应用需关注多方面因素影响。在此基础上，本节涉及的测量放线控制轴网设定、双曲率弧形外围轮廓线定位方案等内容，则提供了可行性较高的技术应用路径。为更好提升建筑工程施工测量放线水平，各类新型技术与设备的积极应用需得到重点关注。

第三节　建筑工程施工的注浆技术

如今，随着时代的发展，建筑工程对于我国至关重要。而建筑工程是否优质，由注浆工作的优良决定。注浆技术就是将一定比例配好的浆液注入建筑土层中，使土壤中的缝隙达到充足的密实度，起到防水加固的作用。注浆技术之所以被广泛运用到建筑行业，是因为其具有工艺简单、效果明显等优点，但将注浆技术运用到建筑行业中也遇到了大大小小的问题。本节旨在通过实例来分析注浆技术，试图得出可以将注浆技术合理运用到建筑行业中的措施。

建筑工程十分繁杂，不仅包括建筑修建的策划，还包括建筑修建的工作，以及后面维修养护的工作。随着科技的飞速发展，建筑技术也不断地成熟，注浆技术也有一定程度的提升，而且可以更好地使用与建筑过程中，但是在运用的过程中也遇见了很对大大小小的问题，这不仅需要专业技术人员进行努力解决，还需要国家多颁布政策激励大家进行解决。注浆技术就是将合理比例的淤浆通过一个特殊的注浆设备注入土壤层，虽然过程看起来十分简单，但是在其运用过程中也有难以解决的问题。注浆技术运用于建筑工程中的主要优点就是：一定比例的浆料往往有很强的黏度，可以将土壤层的空隙紧密结合起来，填补土壤层的空隙，最终起到防水加固的作用。注浆技术在我国还处于初步发展阶段，没有什么实际的突破，需要我们进一步的进行研究探索。

一、注浆技术的基本概论

注浆技术原理。注浆技术的理论基础随着时代和科技的发展越来越完善，越来越适合用于建筑工程中。注浆技术的原理十分简单，就是将有黏性的浆液通过特殊设备注入建筑土层中，填补土壤层的空隙，提高土壤层的密实度，使土壤层的硬度以及强度都能够得到一定程度的提升，这样当风雨来袭，建筑能够有很好的防水基础。值得注意的一点是，不同的建筑需要配定不同比例的浆液，这样才可以很好地填充土壤层缝隙，起到防水加固的作用。如果浆液配定的比例不合适，那么注浆这一步工作就不能产生实际的作用，造成工程量的增加，也浪费了大量的注浆资金。所以，在进行注浆工作前，要根据不同的建筑配备合理的浆液比例，这样才有利于后续注浆工作的进行。而且注浆设备也要进行定期的清理，不然在注浆的工程中，容易造成浆液的堵塞，影响后续工作的进行，而且当浆液凝固在注浆设备中，难以对注浆设备进行清理，容易造成注浆设备的报废，也对造成浆液资金的大量浪费。

注浆技术的优势。注浆技术虽然处于初步发展阶段，但是却已经广泛运用于建筑工程中，其主要的原因是其具有三个优势：第一个优势是工艺简单；第二个优势是效果明显，第三个优势是综合性能好。注浆技术非常简单，就是将有黏性的浆液通过特殊设备注入建筑土层中，填补土壤层的空隙，提高土壤层的密实度，使土壤层的硬度以及强度都能够得到一定程度的提升。而且注浆技术可以在不同部位中进行应用，这样就有利于同时开工，提高工作效率；注浆技术也可以根据场景（高山、低地、湿地、干地等等）的变换而灵活更换施工材料和设备，比如在高地上可以更换长臂注浆设备，来满足不同场景下的施工需要。注浆技术最主要的优点就是效果明显，相关人员通过合适的注浆设备进行注浆，用浆液填补土壤层的空隙，最后能使建筑能够很好地防水和稳固，即使是洪水暴雨的来袭，墙壁也不容易进水和坍塌。在现实生活中，注浆技术十分重要，因为在地震频发的我国，可以有效地防治地震时建筑过早的坍塌，可以使人民有更多的逃离时间。综合性能好是珠江技术运用于建筑工程中最明显的优点。注浆技术将浆液注入土壤层中，能够很好地结合内部结构，不产生破坏，不仅可以很好地提升和保证建筑的质量，还可以延长建筑结构的寿命。也就是这些优势，才使注浆技术在建筑工程中如此受欢迎。

二、注浆技术的施工方法分析

注浆技术有很多种：高压喷射注浆法、静压注浆法、复合注浆法。高压喷射注浆法在注浆技术中是比较基础的一种技术，而静压注浆法主要应用于地基较软的情况，复合注浆法是将高压喷射注浆法和静压注浆法结合起来的方法，从而起到更好的加固效果。每种方法都有不同的优势，相关人员在进行注浆时，可以结合实际情况选择合适的注浆方法，这样才可以事半功倍，而且还可以将多种注浆方法进行结合使用，这样也有利于提高工作效率。下面进行详细介绍：

高压喷射注浆法。高压喷射注浆法在注浆技术中是比较基础的一种技术。高压喷射注浆法最早不在我国运用，早在十八世纪二十年代的时候，日本首先应用了高压喷射法，并且取得了一定的成就。我国在几年引入高压喷射注浆法运用于建筑工程中，也取得了很好的结果，而且在使用的过程中，我国相关人员总结经验结合实例，对高压喷射注浆法进行了一定的改善，使其可以更好地运用在我国的建筑过程中。高压喷射注浆法主要运用基坑防渗中，这样有利于基坑不被地下水冲击而崩塌，保证基坑的完整性和稳固性；而且高压喷射注浆法也适用于建筑的其他部分，不仅可以使有效地进行防水，还进一步提高了其的稳定性。高压喷射注浆法比起静压注浆法，具有很明显的优势，就是高压喷射注浆法可以适用于不同的复杂环境中，而静压注浆施工方主要只能应用于地基较软的环境。但是静压注浆法比起高压喷射注浆法，也具有很大的优势，就是静压注浆法可以对建筑周围的环境也能给予一定保护，而高压喷射注浆法却不可以。

　　静压注浆法。静压注浆施工方法主要应用于地基较软、土质较为疏松的情况。注浆的主要材料是混凝土，其自身具有较大的质量和压力，因而在地基的最底层能够得到最大程度的延伸。混凝土凝结时间较短，在延伸的过程中，会因为受到温度的影响而直接凝固，但是在实际的施工过程中，施工环境的温度局部会有不同，因而凝结的效果也大不相同。

　　复合注浆法。复合注浆法具体来说即是由上文介绍的静压注浆法与高压喷射注浆法相结合的方法，所以其同时具备了静压注浆法与高压喷射注浆法的优点，在应用范围上也更加广泛。在应用复合注浆法进行加固施工时，首先通过高压喷射注浆法形成凝结体，然后再通过静压注浆法减少注浆的盲区，从而起到更好的加固效果。

三、房屋建筑土木工程施工中的注浆技术应用

　　注浆技术在房屋建筑土木工程施工中也被广泛应用，主要运用在土木结构部位、墙体结构、厨房与卫生间防渗水中。土木结构部位包括地基结构、大致框架结构等等，都需要注浆技术来进行加固。墙体一般会出现裂缝，如果每一条缝隙都需要人工来一条一条进行补充，不仅会加大工作压力，而且填补的质量得不到保证，这时就需要注浆技术来帮忙，通过将浆液注入缝隙中，可以很好地进行缝隙的填补，既不破坏内部结构，也不破坏外部结构。人们在厨房与卫生间经常用水，所以厨房和卫生间一定要注意防水，而使用注浆技术能够很好地增加土壤层的密实度，提高厨房和卫生间的防渗水性。下面进行详细的介绍：

　　土木结构部位应用随着注浆技术的应用范围越来越广，其技术也越来越成熟，特别是由于注浆技术的加固效果，使得各施工单位乐于在施工过程中使用注浆技术。土木结构是建筑工程中最重要的一部分，只有结构稳固，才能保证建筑工程的基本质量。注浆技术能够对地基结构进行加固，其他结构部位也可利用注浆技术进行加固，尽管注浆技术有如此多的妙用，在利用注浆技术对土木结构部位加固时，要严格遵守以下施工规范：施工时要用合理比例的浆液，而且要原则合适的注浆设备，这样才能事半功倍，保证土木结构的稳

定性。

在墙体结构中的应用。墙体一旦出现裂缝就容易出现坍塌的现象，严重威胁着人民的安全。为此，需要采用注浆技术来有效加固房屋建筑的墙体结构，以防止出现裂缝，保证建筑质量。在实际施工中，应当采用粘接性较强的材料进行裂缝填补注浆，从而一方面填补空隙，一方面增加结构之间的连接力。另外在注浆后还要采取一定的保护措施，才能更好地提高建筑的稳固性，保证建筑工程的质量，进而保证人民的人身安全。

厨房、卫生间防渗水应用。注浆技术在厨房、卫生间防渗水应用中使用的最频繁。注浆技术主要为房屋缝隙和结构进行填补加固。厨房、卫生间是用水较多的区域，它们与整个排水系统相连接，如发生渗透现象将会迅速扩散渗透范围，严重的话会波及其他建筑部位，最终发生坍塌的严重现象。因此解决厨房、卫生间防渗水问题，保证人民的人身安全时，要采用环氧注浆的方式：首先要切断渗水通道，开槽完后再对其注浆填补，完成对墙体的修整工作。

综上所述，注浆技术是建筑工程中不可缺乏且至关重要的技术，其不仅可以加固建筑，而且还可以提高建筑的防水技能。注浆技术有很多种：高压喷射注浆法、静压注浆法、复合注浆法，相关工作人员只有结合实际情况选择合适的注浆方法，才可以事半功倍，而且还可以结合使用多种注浆方法，提高工作人员的工作效率，保证建筑工程的质量。

第四节　建筑工程施工的节能技术

随着科技的不断发展进步，建筑行业的技术也在不断地提升，从20世纪的平民瓦屋变成如今这个世纪的高楼大厦，这些都体现着建筑行业的发展。随着科技的不断进步，在建筑行业对于节能环保越来越加重视。在如今这个时代，建筑行业的每一个项目都会有节能环保的设计环节参与到里面，希望能够把节能环保的理念体现出来同时也要落到实处。本节着重在建筑工程施工的过程中分析节能技术的应用，同时对它的意义、概论、以及作用都进行了详细的分析和描述。

近些年来，随着我国的经济不断发展，人民的生活水平不断提高，这也使得节能环保的概念深入人心。特别是一些不可再生资源的重要性在我们的生活中也体现得越来越明显。所以人们的节能环保意识也在不断地上升。那么在如今的建筑工程施工过程中，我们都会把一些节能环保的产品引入到建筑项目中。在建筑的施工过程中尽可能多地使用可再生资源，比如说太阳能、风能等等在我们的生活中普遍使用。这样不仅仅可以减少对环境的污染，而且还可以节约不可再生资源。在近几年的建筑工程施工中我们可以看到整个施工过程中所体现出来的几个特点，比如说高科技设备、低功耗、低污染，这些都使得建筑工程行业在不断地进步，不仅极大的节约了资源，而且促进了经济的进步。

一、建筑工程施工节能技术的意义

我们知道在建筑屋顶的主要作用就是隔绝热量、隔水，而且能够保证室内的温度不会产生较大的差异。那么对节能技术在这一块的应用应该更加重视。我们在设定建筑屋顶的时候，其最主要的实现功能就是能够冬暖夏凉，但是利用传统的建筑技术，如果要实现这一部分功能则需要花费大量的人力和资力。因此我们在进行顶部功能的设计的时候，应当充分的考虑节能技术的使用，将整个建筑物的综合功能都考虑在内，使得屋顶的价值能够最大化。

节能技术降低了施工成本。节能环保技术的使用的初衷就是为了能够节约资源或者减小资源的浪费。特别是对于不可再生能源，很多都使用了新能源进行代替使用，得到的效果也是非常的不错。比如说在传统的建筑行业施工过程中，我们经常使用的有水泥，钢筋，混凝土等等材料，那么在如今的建筑施工过程中，我们可能会采取一些新能源进行替代部分传统材料的使用。最常使用的便是太阳能，风能等等新能源。这些新能源不仅使用效果好，而且他们的成本都是非常的低，并且可再生使用。降低了施工过程中的成本，提高了施工的效率。

节能技术提高了施工技术。因为建筑工程在施工的过程中所涉及的科目较为广泛，包括工程学，建筑学，机械学等很多个科目糅杂在一起，非常的复杂而且施工的量也非常的大。所以说如果想要实现整个建筑工程都能够节能环保，那么就需要在施工的过程中使得各个环节都能够和你的协调。使用的各种技术、各种材料以及在每一个时期所采取的措施，都能够互相地结合在一起，这样就能够实现整个施工过程实现节能。那么整个工程质量也会因此大大的提升，当工程质量能够得到用户的普遍认可，那么这样就会使得施工队伍的竞争力越来越大，在整个建筑行业里面都能够有自己的一席之位。同时，还能够促进整个建筑行业的快速发展，促进经济的发展。

提高节能保温技术。建筑工程中的节能保温技术，主要在外墙，屋顶，门窗，以及地面四个方面实施。因为建筑物的主要主体都是由这四个方面进行组成的。那么这四个方面的保温技术如果能到能够得到提高，对用户居住在建筑物中的舒适度将会有重要的作用。也正是由于节能保温技术对于建筑物的重要作用，所以才使得在我国的建筑行业里面，对这项技术的提高尤为重视。虽然我国的现代化建筑行业相比较于国外的建筑行业还是存在着一定的差距，但是经过了这些年的不断发展，在整体的水平上已经很是接近。

二、建筑工程施工中节能技术的作用

有助于实现可持续发展。对于建筑行业来说，我们在进行建筑施工的过程中，都是有着明确的规定以及施工的范围都有着一定的要求。所以我们在施工的过程中就需施工人员以及项目负责人都要按照制定好的标准来实施，特别要拟定的是节能环保，标准。因为现代的居民对于居住的要求越来越高，所以对于我们的施工过程来说都必须要有严格的标准。在现代化的建筑行业在进行施工的过程中，通常都是采用节能的技术，最终的目的，都是为了实现可持续发展。现代化的建筑行业相比较于传统的建筑行业来说，具有很大的进步优势。因为在传统的建筑行业里面都是以节约资源作为标准。仅仅是为了把资源控制在尽量小的范围内进行使用，而并不能完全实现未来的可持续发展。所以在现代的建筑行业里面就需要我们不仅能够节约资源，实现资源利用最大化，而且能够实现整个建筑资源可持续发展。

有助于推动建筑产业的发展。建筑行业的经济效应通常都是建筑物的质量息息相关。特别是在施工的过程中，建筑物的效果以及对建筑采取的节能技术将会直接的对建筑行业有着很大的影响。在施工过程中，有很多的节能环保技术不仅仅靠资源是能够解决的，而且还需要许多的高新技术设备来进行支撑才可以同步完成。特别是，机械电子与节能材料这两个产业与节能技术有着紧密的关系。所以说需要二者的紧密结合共同推动建筑产业的发展。

有助于资源的充分利用。因为在施工的过程中，有很多的资源都被浪费了。所以说在，巨大的资源利用的同时，需要我们对其合理的分配使用。否则将会造成建筑行业里面对于资源使用情况的浪费更加的严重。比如说在施工的过程中会因为资源浪费而产生粉尘，对环境和空气造成了极大的污染，还会因此而产生很多的垃圾。那么我们在施工的过程中使用节能环保技术则可以在很大的程度上避免这种情况的发生。那么我们使用节能技术，节能技术里面的资源回收再利用，则是可以将浪费的部分的资源重新进行使用。这样子可以有助于资源的充分利用，也可以提高建筑行业在施工的过程中的效率。

三、建筑工程施工中节能技术的应用

节能材料的应用。在整个节能技术的应用里面，对于节能材料的使用则是最广泛的。比如说我们在建地基的时候，可能需要考虑的在建建筑墙体的时候的重量问题，因为需要考虑地基所能承受的最大的负载重量。但是在采用了节能技术以后，我们可以采用加气全气块技术，这样就可以把墙体的重量给降下来。还有对于墙体，我们还可以使用节能玻璃材料，不仅坚固而且还可以节约资源、节约材料。对于节能材料的应用还有许多的方面。使用节能材料不仅仅能够提高整个建筑物的稳定性，还可以节约水泥混凝土的使用，减少了资源的浪费，保护了环境，提高了建筑物的质量。

建筑工程结构的节能设计。随着经济的不断发展，可持续发展越来越受到关注和重视。因此，相关部门出台了一些文件针对节能环保技术给予了很大程度上的重视和支持，这也使得节能环保技术在如今的建筑施工过程中使用的范围越来越广。

在建筑地面施工中的应用。建筑地面的最主要的功能就是为了能够实现防潮和采暖。那么在施工的过程中能够选用质量较好的防潮材料则是相当的重要。那么在这个设计的过程中就需要充分的考虑建筑结构的节能应用，使得屋内的热量能够充分的，散发出来，但是同时还要注意，屋里的保暖功能，不受干扰。这就需要节能保暖技术与保暖材料共同充分的结合起来。

在建筑门窗施工中的应用。在将整个建筑物的大体框架施工完成之后，那么建筑门窗的施工就属于最为重要的部分。因为建筑门窗的使用，不仅仅要消耗大量的材料，而且还需要大量的人力。那么我们在进行安装建筑门窗的时候就需要充分的考虑节能材料的使用。利用节能技术将建筑门窗的基本功能得以实现，而且还能够保证与建筑物整体的完美契合。

可再生资源的利用。对于建筑中可再生资源的利用，那么通常就是将太阳能、风能等新能源进行充分的结合，为建筑物所使用并且能够实现建筑物的节能功能。特别是在现代化的日常生活中，太阳能已经被普遍的使用。比如说，在居民的房屋顶部通常都是使用太阳能热水器。还有在现在的很多交通要道上，都已经采取太阳能路灯供电。这些都说明太阳能在建筑施工中已经被普遍的使用，并且使用的效果也是非常的不错。那么对于风能的使用，通常都是在发电站内部进行使用。这些可再生资源的使用都大大的节约了有限的能源。

根据本节的详述介绍，我们知道节能技术在建筑工程的施工过程中取得的效果非常的显著。而且，在建筑项目工程上，节能技术的广泛使用不断的促进建筑行业技术的提高，促进经济的，不断发展，也在不断的将我国建设成为一个资源节约型的社会。相信节能技术在未来的使用上范围也将更加的广阔，前景更加的美好。

第五节　建筑工程施工绿色施工技术

因为现代社会人群的环保意识提高，所以建筑工程施工作为城市环境污染来源之一，其必须对施工进行管制，消除或控制各类污染现象，而管制手段上，在现代技术背景下建议采用绿色施工技术。绿色施工技术是在传统施工技术基础上，围绕降低施工污染目的进行改进而得出的先进施工技术，此类技术不但具有良好的环保价值，同时形成的施工质量，相比于传统技术更是有过之而无不及，因此此类技术应用价值较高。本节出于推动施工绿色技术应用目的，将对此类技术的应用进行分析，了解常见技术种类以及应用方法，并提出有关绿色施工技术未来发展的思考。

传统建筑工程施工中，大多数施工单位只关注施工质量，普遍缺乏环保意识，导致施工技术应用"大刀阔斧"，造成了类似扬尘污染、废水污染等污染现象，使周边环境质量不断下降，这一情况在长期城市建设当中愈演愈烈。而在现代，传统建筑工程施工引起的环境污染现象，得到了广泛的关注，地方政府以及社会群众，都希望对这一现象进行治理，在这一要求下就出现了绿色施工技术，此类技术同时兼顾环保要求以及施工质量，具有更高的应用价值。

一、传统建筑工程污染现象分析

在传统建筑工程施工中，因为施工管理侧重于工程质量，所以忽略了施工污染治理部分，导致施工中出现很多污染现象，例如扬尘污染、废水污染、垃圾污染等，下文将对这些污染现象的具体表现进行分析：

扬尘污染。扬尘污染在传统建筑工程当中十分常见，主要指施工时各类细小的粉尘颗粒进入空气中飘荡，人长期在此环境中生存，容易影响自身健康，严重时会引发疾病。成因上，扬尘污染的形成原因有很多，例如混凝土卸料、桩基开挖，甚至施工人员的走动都可能引起大面积扬尘，由此可见扬尘污染是施工中难以避免的现象。

废水污染。废水污染是指传统建筑工程施工时，因人工排水行为而造成是水体污染现象，即因为某些施工行为当中需要使用水资源，例如用水清洗施工设备等，由此就产生了废水，而传统施工人员常随意排放废水至周边路面上，由此就形成了废水污染。废水污染会直接影响到城市环境的美观度，同时可能会散发刺鼻气味，使生活质量下降。

垃圾污染。在传统施工技术当中，部分施工技术会产生大量的施工垃圾，例如木屑、钢材废料等，甚至存在化学类垃圾，这些垃圾产生之后，施工人员可能会将其胡乱丢弃，由此形成垃圾污染。垃圾污染同样会对城市环境美观度造成影响，且其中化学类垃圾可能存在有毒物质，对于环境与人体都有较大危害。

二、绿色施工技术思考与种类

绿色施工技术思考。针对绿色施工技术在建筑工程当中的应用，下文将对其技术特点与应用原则进行分析：

技术特点。就当前绿色施工技术表现来看，其具有节能效益与高精度的特点。其中节能效益体现为：综上三类污染现象可见，其即使在现代建筑施工当中也难以避免，但为了处理污染问题，应当降低扬尘、废水、垃圾的产生，这一点与施工技术的节能效益有直接关系。举例来说，在混凝土卸料导致的扬尘污染当中，混凝土批次数量就直接影响了扬尘量，即混凝土批次越少扬尘量越少，所以当施工技术节能效益良好，就代表混凝土需求量降低，使得混凝土批次减少，实现控制扬尘量的目的。而绿色施工技术普遍具有良好的节能效益，可以实现消除扬尘污染等污染现象的目的，同时有利于工程投资金额的降低。

高精度体现为：在现代先进理论当中对于绿色施工技术的定义为：具有高精度特征的施工技术，即绿色施工技术是结合施工质量要求，高精度的控制行为范畴、用料，由此同时兼顾施工质量与环保目的。具体来说，结合上述节能效益分析内容，绿色施工技术应用应当减少材料用量，但如果材料用量过于低，则代表施工质量受损，所以当绿色施工技术出现这一现象，则说明施工本末倒置，因此在应用此类技术时，一定要重视精度要求。

技术应用原则。绿色施工技术应用原则有二，即和谐原则与经济性原则。其中和谐原则体现为：建筑工程施工十分复杂，需要使用很多专项技术才能完成作业，而在传统施工当中，经常出现不同专项技术之间的冲突，例如需要在墙板上预留孔洞，但孔洞位置会影响墙板质量，说明两者之间不和谐。而在绿色施工技术概念下，各类技术必须相处融洽，则是绿色施工技术应用的基本原则，即和谐原则，如果存在技术上的冲突，则说明施工方案有误，必须进行修整。

经济性原则体现为：绿色施工技术在应用当中，不能因为保障质量或实现环保，而大肆使用资金，相反任何围绕绿色施工技术应用设置的施工方案，其都应当遵循经济性要求，将方案成本控制到最低。举例来说，在施工选材方面，需要根据绿色施工工艺要求，就近选择符合标准的材料，此举可以有效节省成本，同时兼顾了环保与质量要求。

绿色施工技术种类。结合案例与先进理论得知，当前常见的绿色施工技术包括：绿色墙体技术、绿色门窗技术，各项技术具体内容见下文：

色墙体技术。墙体结构是建筑工程的主要组成部分，施工技术方面具有体积大、用料多的特点，所以是造成污染的主要部分。而在绿色施工技术下，针对传统墙体施工技术进行了改进，改进方向为材料优化，即传统墙体施工技术当中，主要采用砖块砌体与水泥材料，这些材料容易造成粉尘污染，而现代绿色施工技术当中，主要采用空心砖、活性炭等材料进行施工，其中空心砖可以有效节省施工成本消耗，且产生的污染程度较小；活性炭是最近出现的墙体材料，其不但经济实惠，还具有治理污染的效果，即活性炭可以吸收异味、空气中的有害物质等，所以具有环保价值。此外，结合活性炭墙体材料，在绿色墙体施工技术中还经常使用新型隔墙板材料，此类材料具有更优秀的防水效果，可以避免水体污染。

绿色门窗技术。门窗是建筑工程主要功能体现的结构，即门窗决定了建筑采光、保暖作用，而在传统建筑施工当中，针对门窗部分的施工并没有考虑到采光、保暖功能，只是单纯地进行安装，且施工技术上十分粗糙，易造成框架裂缝等问题。而在绿色施工技术应用当中，针对门窗部位，主要采用双层玻璃、铝合金断热材料和铝木复合材料进行施工，其中双层玻璃主要针对窗，具有良好的隔温、保温、采购功能，而铝合金断热材料和铝木复合材料主要针对门，具有良好的降噪功能。

三、绿色施工技术未来应用趋势

针对绿色施工技术在未来建筑工程当中的应用，本节建议施工企业结合先进技术对施工现场的各类问题进行管理，例如利用扬尘高度传感器对现场扬尘高度进行检测，随后当扬尘高度超过标准值，则自动启动降水系统对扬尘进行控制，由此可以起到治理扬尘污染的作用。同时绿色施工技术应用还要融入施工管理当中，依照绿色施工概念，对人为因素造成的污染进行管制，例如上述废水污染、垃圾污染等，此举可以更充分的发挥绿色施工技术的能效，在未来施工中值得借鉴。

针对绿色施工技术的应用，在现代建筑工程施工中尚还处于概念化阶段，很少有施工企业将其落实，原因在于大多数施工企业还不了解绿色施工技术的应用方法以及重要性，所以本节认为有必要对绿色施工技术的应用进行思考，随之在文中进行了一系列的分析，主要参数了传统施工中的污染问题、绿色施工技术特点与应用原则、绿色施工技术种类以及未来应用趋势。

第六节　水利水电建筑工程施工技术

随着水电技术的发展，人们对他们的建筑技术提出了更高的要求。我国水电工程已成为各行业和利益相关者关注的焦点。再加上我国目前水电工程工作的总体情况和做法，我想介绍一下水电工程的现状以及水电工程的重要性。此外，还介绍并解释了关于生产和大坝技术、水泥混凝土添加剂、大规模破坏混凝土技术和大坝建筑技术的一些方面。

在水利水电工程施工安全管理中做到以下几点：一是要经常对施工人员进行安全工作的岗前以及岗中培新，让所有的施工人员将安全施工牢记在自己的心里，高高兴兴上班来，安安全全回家去。从根本上消除习惯性违章，减少发生安全事故的概率；二是要制定和落实安全技术措施，从源头消除现场的危险源，安全技术措施要有针对性、可行性，并要得到切实的落实；三是要加强防护用品的采购质量和检验，确保防护用品的防护效果；四是要加强现场的日常安全巡查与检查；及时辨识现场的危险源，并对危险源进行评价，制定有效措施予以控制。

一、水利水电建筑工程施工技术的意义

水电是一种可再生能源，既安全又安全，其应用对社会进步和经济发展做出了巨大贡献。在水电工程中，技术是工程的根本和关键要素，因此必须执行建筑技术，以确保水电技术的成功实施。水电技术直接取决于工程是否成功完成，只有在工程管理完成时，才会协调所有方向的工作，使整个水电工程达到一个简单的高度。

二、水利水电建筑工程施工技术分析

水电工程项目与成功实施水电工程以及国家和人民的利益有关，因此水电工程将非常重要，下面将对水电工程方法进行分析。

（一）预应力锚固技术

预应力在水电项目中占有重要地位，是一项更具体的技术，直接依赖于水电技术的经济效率。预应力是锚预应力和混凝土预应力的一般张力，是一种不断变化的新技术。技术可以在水电工程过程中对基岩施加初步压力，这取决于强度、方向和深度等．

预应力技术可以保证更好地扩大张力，这是其他技术无法比拟的优势，因为预应力技

术可以应对不同种类的差异,这使得结构更加多样化,主要是在两类锚定锚点。锚孔是锚的位置,这是最初影响的基础。锚头必须放在锚孔后面,以便类可以更好地阻断预应力,而锚梁可以作为锚束作为锚,主石可以承受更多的压力。预应力技术加强了水力发电,从而提高了建筑的质量。

(二)施工导流技术

在水电供应方面,建筑的导电性是一种特殊的保护结构,对水电供应和整体建筑质量具有重要影响。实施制造破坏者技术需要暂时修复大坝,作为一种威慑剂,可以更好地保证水电站的建设质量。由于大坝流速迅速、河流面积减少和水流特征显著,应提供适当的技术,全面考虑其稳定性和稳定性,以便为工业变形技术奠定基础。在水电建筑工程中,安装技术可以很好地控制河床,因此直接取决于项目的进展和安全。在这个重要生产技术,因此需要建设完成各种工作,统一按照环境影响和地形,以及协调控制工作质量,确保水电站更高的生产率和工作质量,从而降低水力发电价格和满足建筑要求建筑水力发电。

(三)土坝防渗加固技术

一般来说,水库的水坝很容易被吞没、坍塌、潮湿,其结果会导致水坝泄漏,甚至水库的变形,如果不是及时处理,也会产生重大的影响,造成许多安全问题,因此,水力发电中的技术进步至关重要。大坝加固技术可以应付大坝的渗透和变形,这将使大坝分裂并在大坝中形成一个保护器,以防止泄漏,并最终使大坝保持坚固和稳定。在土坝坝体劈裂的注射土坝灌浆孔布置实际主排孔沿坝轴线设置排气孔,副坝轴线必须放置在150米,这两排孔,分别建立并保持3~5 m,灌浆孔的距离,以及样品坝体,最终可能形成坝基防渗体一起到达。

(四)做好施工现场的安全管理工作

水电是一个非常复杂和重要的项目,不仅影响到建筑企业的利益,也影响到国家和人民的利益,因此必须完成水电安全工作。水电工程是多功能的,受到外部环境的影响,因此在建造之前必须建立一个完美的安全管理系统,有几个具体的方面。首先,必须在施工前进行安全培训,按照施工要求进行阶段和阶段,并规定专门工作的许可证制度。第二,必须保证现场每个工作人员的安全和教育,建立世界上第一个安全关切,并为安全准备水电工程。再一次,必须完成技术过渡工作,由技术人员负责,执行水电工程项目的任务,以确保建设顺利进行。再一次,监督工作,及时处理水电技术中的各种安全风险,以及在建筑工地进行安全措施的监测和检查。

水利水电工程的施工管理还有很长的路要走,由于水利水电工程关系到方方面面,它不仅对我国经济的发展有助推力的作用,而且也关系要人民大众的日常生活问题,一定要引起高度重视,将水利水电事业发展和完善好。水利水电工程的施工管理需要有专门的技术人员把关,同时国家应该出台相应的法律法规政策和制度,最大限度的保障水利水电工程的顺利进行。

随着经济的发展，水电和水电项目逐渐增加，随着时间的推移，水电项目的建设取得了一定的成功。水力发电的技术管理是至关重要的，因此重要的是研究水电技术，并在工作的长期发展中发挥重要作用。在实践中，为了确保顺利实施水电工程，需要对水电工程技术进行全面管理，从而确保水电工程的质量完成。

第四章 绿色建筑施工技术

第一节 绿色建筑施工质量监督要点

近年来,随着我国建筑行业标准体系的完善,政策法规的出台,绿色建筑开始进入规模化的发展阶段。绿色建筑强调从设计、施工、运营3个方面着手,落实设计要求,保障施工质量。文章首先分析了绿色建筑概述,然后分析了绿色建筑施工管理的意义,最后探讨了绿色建筑施工质量的监督要点。

在我国的经济发展中,建筑行业一直占据重要地位,随着施工技术的发展和创新,我国建筑行业的管理方法、施工方法都实现了改进。为响应国家保护环境、节能减排的号召,绿色施工材料和技术涌现,绿色建筑项目增加,规模扩大,使得我国的建筑行业越来越趋向于绿色化、工业化。从实际来看,相较于发达国家,我国绿色建筑的管理水平低,施工技术不先进,质量管控机制不健全。因此,积极探讨相关的质量监督要点成为必然,现从以下几点进行简要的分析。

所谓的绿色建筑,多指在建筑行业以保护环境、节约资源为理念,以实现大自然、建筑统一为宗旨,为人们提供健康舒适的生活环境,为大自然提供低影响、低污染共存的建筑方式。绿色建筑作为现代工业发展的重要表现,和工业建筑同样具备施工便捷、节约资源的特点。在工程施工中,通过规范、有效管理机制的使用,提高施工管理效率,减少施工过程的不良影响,削减施工成本、材料的消耗量。同时,绿色建筑还能通过节约材料、保护室外环境、节约水资源等途径,实现环保、低碳的目标。另一方面,绿色建筑还强调施工过程的精细化管理,通过对施工材料、成本、设计、技术等要素的分析,实现成本、质量间的均衡,确保周围环境、建筑工程的和谐相处。施工期间各种施工手段和技术的使用,项目资源、工作人员的合理安排,能保证工程在规定时间内竣工,提高施工质量,确保整体结构的安全性。

一、绿色建筑施工管理的意义

随着城市化建设进程的加快,建筑市场规模扩大,建筑耗材增加,在提高经济发展水平的同时,加剧着环境的污染、资源的浪费。近几年,传统的管理模式已无法满足发展要求，对此我国开始倡导绿色建筑，节约着施工资源，保障着施工质量，提高着工程的安全性。从绿色建筑的管理上来看，利用各措施加强施工管理，能促进社会发展，实现节能减排的目标。从建筑企业来看，加大对施工过程的监管力度，紧跟时代的发展步伐，不但能减少施工成本，提高经济效益，还能推动自身发展。

二、绿色建筑施工质量监督要点

树立绿色施工理念。要想保障绿色建筑的施工质量，首先要借助合理、有效的培训手段，引导全体员工树立绿色施工的理念。待全体员工树立该理念后，能自主承担工程施工的责任，并为自身行为感到自豪，为施工质量监督工作的进行提供保障。现阶段，我国建筑人员学历低，绿色环保意识缺乏，因此，在开展管理工作时，必须积极宣讲和绿色施工相关的知识，具体操作包括：（1）绿色建筑施工前期，统一组织施工人员参加讲座，向全体员工宣讲绿色施工的重要性。工程正式施工后，以班组为单位开展培训。（2）借助宣传栏、海报等形式，讲解绿色施工知识和技术，进一步提高施工人员的绿色施工意识。（3）将绿色施工理念引入员工的考核中，及时通报和处罚浪费施工材料、污染环境的行为。对于工作中表现积极的班组和个人，给予精神或物质上的奖励。

质量监督计划的编制和交底。在质量监督工作开展之前，监督人员需要详细地阅读经审查结构审核通过的文件，并详细查阅相关内容。结合绿色建筑工程的设计特征，工程的重要程序、关键部分及建设单位的管理能力，制定与之相匹配的监督计划。在对工程参建方进行质量交底时，需要明确地告知各方质量监督方式、监督内容、监督重点等。同时，还要重点检查绿色建筑所涉及的施工技术、质量监管资料，具体包括：（1）建筑工程的设计资料，如设计资料的核查意见、合格证书，经审核机构加盖公章后的图纸；（2）施工合同、中标通知书等；（3）设计交底记录、图纸会审记录等相关资料，并检查其是否盖有公章；（4）和绿色建筑施工相关的内容、施工方案、审批情况；（5）和工程质量监督相关的内容和审批情况。

主体分部的质量监督。监督人员应依据审查通过的设计文件，对工程参建各方的行为进行重点监督，如实体质量、原材料质量、构配件等，具体包括：（1）参照审核通过的设计文件，抽查工程实体，重点核查是否随意变更设计要求；（2）对工程所使用的原材料、构配件质量证明文件进行抽查，比如高强钢筋、预拌砂浆、砌筑砂浆、预拌混凝土等，审核是否符合标准和设计要求；（3）经由预制保温板，抽检现浇混凝土、墙体材料文件和工程质量的证明文件，确保施工质量满足要求。

围护系统施工质量监督。对于绿色建筑而言，所谓的围护系统包括墙体、地面、幕墙、门窗、屋面多个部分。具体施工中，监督人员需要随时抽查施工过程，具体包括：建设单位是否严格按要求施工，监督工作是否符合要求；抽查工程的关键材料，核查配件的检验证明、复检材料；控制保温材料厚度和各层次间的关系，监督防火隔离带的设置、建设方法等重要程序的质量。

样板施工质量监督。在绿色建筑施工中，加强对样板施工质量的监督，能保证工程按图纸要求和规范进行，满足设计方要求。在施工现场，监督人员向参建方提出样板墙要求，巡查过程中重点审核地面、门窗样板施工是否符合相关要求。若样板间的施工质量符合规范和要求，可让施工单位继续施工。为保证施工样本的详细性，样板施工过程中需要认真检查这样几部分：（1）样板墙墙体、地面施工构件、材料的质量检验文件，见证取样送检，检查进入施工现场的材料是否具备检验报告，内容是否健全，复检结果是否符合要求；（2）检验样板墙墙体、地面作品的拉伸强度和黏度，检验锚固件的抗拔力，并对相关内容的完整性、结果的真实性进行检测；（3）检验地面、门窗、墙体工程实体质量，检查样板施工作品规格、种类等方面是否符合要求，检查是否出现随意更改设计方案和内容的现象。

设备安装质量监督。绿色建筑中的设备包括电气、给排水、空调、供暖系统等内容，质量监督人员在巡检工程时，必须对设备的生产证明、安装材料的检验资料等进行抽查。对于体现出国家、相关行业的标准，和对绿色建筑设备系统安装时的强制性文件，检验其完整性及落实情况。同时，还要重点监督设备关键的使用功能、质量。对于监督过程中影响设备使用性能、工程安全质量的问题，或是违反设计要求的问题，应立即整改。

分部工程的监督验收。绿色建筑的分部工程验收，需要在分项工程、各检验批验收合格的情况下，对建筑外墙的节能构造、窗户的气密性、设备性能进行测评，待工程质量满足验收要求后再开展后续工作。监督人员在对分部工程进行监督和验收时，需要监督和检查涉及绿色建筑的验收资料、质量控制、检验资料等，具体包括：（1）绿色建筑分部工程的设计文件、洽商文件、图纸会审记录等。（2）建筑工程材料、设备质量证明资料，进场检验报告和复检报告，施工现场的检验报告。其中，绿色建筑外墙外保温系统抗风压及耐候性的检测、外窗保温性能的检测、建筑构件隔音性能的检测、楼板撞击声隔离性能的检测、室内温湿度的检测、室内通风效果的检测、可再生设备的检测以及主要针对施工质量控制、验收要求，监督人员参照设备性能要求监督参建方的工作行为。（3）绿色建筑的能效测评报告，能耗检测系统报告。（4）隐蔽工程的验收报告和图像资料。（5）包含原有记录的验收报告，分项工程施工过程及质量的检验报告。

建筑工程的竣工验收和问题处理。申报绿色建筑的竣工验收后，监督人员需要重点审核工程内容的验收条件，包括：（1）行政主管部门、质量监督机构对工程所提出的整改问题，是否完全整改，并出具整改文件；（2）分部工程的验收结果，出具验收合格的证明文件。对于验收不合格的工程，不能进行验收；（3）建设单位是否出具了评估报告，评估建议是否符合相关要求。对于工程巡检、监督验收过程中发现的问题，签发《工程质量监督整改通知书》，责令整改。对于存在不良行为记录、违反法律制度的单位，及时进行行政处罚。

综上所述，绿色建筑作为推动建筑行业发展的重要组成，在提高资源利用率，减少环境污染上具有重要作用。为充分发挥绿色建筑的意义，除要明确绿色建筑施工管理的重要性，树立绿色施工理念外，还要合理使用低能耗的材料和设备，加强对设备安装、围护系统、样板施工等工序的质量监督，确保整个工程的施工质量，推动绿色建筑可持续发展。

第二节 绿色建筑施工技术探讨

绿色施工是实现环境保护、工程价值、资源节约目标一体化的建筑项目施工理念，现阶段绿色建筑施工技术取得了重大发展，被广泛地运用到建筑工程中。为此，本节结合某建筑办公楼的实际案例，首先介绍了工程的基本情况，紧接着具体地阐述了绿色建筑施工技术的标准与要求，并基于此提出了绿色建筑施工技术的实施要点。

建筑施工难免会对周围环境产生消极影响，因此，施工单位要根据绿色施工要求尽量降低影响。《绿色施工导则》中对绿色施工做出了如下定义：在工程建设过程中，在保证施工安全与施工质量等基础上，通过运用先进的施工技术与科学的管理办法，最大限度地减少资源浪费，减轻周围环境受到施工活动的负面影响，实现"四节一保"目标。本节结合实际开展的施工项目，分析绿色施工技术应如何使用，希望对于同类施工项目能够产生一定的参考意义。

一、工程的基本情况

某办公楼项目地处浙江某市滨江绿地以东、浦明路以西、和浦电路交接的位置，占地面积多达20832.9m^2，呈梯形状，南北向有156m宽，东西向有132m长。整个项目地上主楼有20层、地下三层、裙楼五层，整个建筑面积多达87943m^2，在这当中，地上、地下建筑面积分别为50361m^2、37582m^2。主楼、裙楼基础分别使用的是采桩筏板基础、桩承台防水板基础，地库与裙楼防水板的厚度介乎1至1.2m之间，核心筒下筏板基础有1.6m厚。主楼钻孔灌注桩有49m长，直径为700，裙楼地库钻孔灌注桩的直径与之相同，但长度不一，仅有34m。

本项目工程合同质量目标是：保证获得优秀项目得奖，保证工程备案制验收能实现"一次合格"。项目部质量目标为：保证主体结构工程获得"市优质工程奖"，钢结构工程获得"金刚奖"。为此，在施工期间，本项目充分融入并应用了绿色施工理念。

二、绿色建筑施工技术的标准与要求

（一）不会对原生态基本要素产生严重破坏

该办公楼建设项目（下面简称本项目）施工过程中，对周围农田、槽底、河流、森林、文物等要做好保护工作，避免产生破坏影响。如果可以实现的化，还可以充分利用周围原生态要素进行建设。本项目主体建设所用地域为"荒地"，该地区的而地形主要以平底为主，同时也有多个小土丘。另外，本项目占地范围内水系不够发达，只有在汛期才能形成小溪。

区域内也没有文物资源与古树、古建筑等需要保护的资源。因此，本项目在进行施工时不用针对动植物、文化等制定保护计划。但是，对于办公楼的垂直绿化施工可充分利用区域内已有的植入资源。本项目的绿化面积设计超过1200m2，屋顶绿化率要求达到74%以上，在选择植物时可选择当地已有的或者海南其他地域的特有植物。

（二）尽最大限度减少建筑拆除废料的产生量

本项目施工过程中的下料方案设计必须做到科学合理，同时针对废料重复使用也要制定合理的计划。本项目室内空间设计方面采用的理念是"开放性、大开间"，这样的目的是有助于根据实际办公需求与商务需求等对室内空间做出灵活的隔断操作，从而有效降低废料总量，保证建筑结构基础的完整性。同时，在对室内空间进行装修时，室内空间面积超过10000m2，室内空间结构与空间功能可结合实际需要进行变化，这样也能够有效降低废料总量的产生。

（三）提高水资源处理与利用能力

总部办公对水量的需求较大，废水处理工作也十分重要。第一，冲洗设备方面可选择节能水龙头、脚踏淋浴、智能冲洗设备等，有效控制因不良使用习惯产生的水资源浪费。第二，施工排水设施设计时要严格按照"雨水污水分流、废水污水分流"的原则进行设计。可以集中收集雨水，并用来冲洗道理、浇灌植被、作为喷泉水等使用；生活污水需根据污水处理要求进行处理，并统一排入市政污水下水道；对于生活废水也可以进行收集，并经过沉淀与消毒处理之后，冲洗公共厕所、灌溉绿化等。

（四）尽可能防止土方对附近环境产生影响

建筑施工过程中对周围空气污染的控制可通过封闭施工来实现，也可以在运输方面采取措施降低土方造成的空气污染，同时，也能够避免土方因雨水外泄，导致周围水体质量受到影响。另外，还可以通过地面硬化、隔离墙、隔离网、洒水等方面降低土方开挖、运输等产生的土方外泄污染。

三、绿色建筑施工技术的实施要点

（一）采取水土固定措施，减少施工土方制造量

本项目施工要根据办公楼用途与工程清洁能力要求指导施工。首先，通过混凝土硬化的方式加固基坑边坡，这样不仅能够保证施工安全，同时对于控制水土被水流冲刷产生的流失量也能产生效果。其次，通过绿化施工来降低土体裸露程度。最后，绿化带如果出现破坏要及时修复，因工程施工产生的土方要及时清理出现场，避免绿化带受损严重无法再进行修复。

（二）遵循相关法律法规办事，防止噪音扰民问题产生

本项目施工过程中对于周边居民意见要及时收集并充分听取，尽量减少对周边居民正常生活产生干扰。首先，混凝土搅拌、钢筋加工等应尽量避免露天作业，可通过建立隔音降噪工作棚的方式作业。其次，土方施工阶段与结构施工阶段要制定合理的工作时间段，避免对周边居民生活造成影响。如果需在夜间施工，应保持在55dB以下的噪音分贝。最后，监控各个角度的噪音，一旦声量超过标准，对周边居民休息、学习产生干扰，要及时降噪。

（三）坚决贯彻落实《污水综合排放标准》

本项目是大型办公楼，每天人流量很大，产生的污水总量也就会更大。因此，在处理各类污水时要根据《污水综合排放标准》GB8978中的规定进行标准化的处理。污染沉淀池要增加清洗频率，沉淀后的污水可用于冲洗道路、冲洗公测等；沉淀池污染不能直接排入市政污水网络，避免出现管道堵塞的情况。另外，施工现场需要设置专门的化粪池，用于洗浴厕所等生活用水的接纳。这些污水在排入市政污水网络之前，必须要经过处理，并且这些污水沉淀物要及时清理出场。

（四）提高就地取材比例

本项目施工需要的施工材料种类多且数量大，长途运输存在材料供应紧张以及材料运输污染等问题。因此，本项目施工材料的采购应尽量在当地建材市场中进行采购。一般来说，建筑材料采购范围应在500km以内。如果当地建材市场不具备部分特殊施工材料，再选择长途采购。就地取材对于项目成本控制能够产生良好的作用，同时与当地环境也具备更强的适应性，对于绿色施工理念的落实也更有利。

（五）施行环境质量监测

绿色施工从制度上取得推进，就必须由独立机构的专业人员对全程监控与检测项目施工全过程与整体环境质量。比如，检测建筑材料是否具有有毒有害物质，如果建筑材料与相关标准不符合，要进行更换；检测办公楼内部空间空气质量是否存在过量漂浮物、是否释放有毒气体等，如果有需要及时要求施工方进行整改。在检测完成施工环境质量后还要编制详细的环境评估报告，便于施工方与甲方根据报告制定整改措施。

目前，绿色施工已发展成各种工程的主流施工理念之一。但是，绿色施工不乏高难度技术的支持，绿色施工理念能否得以实现，主要是由施工方的决心、承建方的监督意识及其理念所决定的，当然还取决于管理者与一线施工队伍能否将相关工作做到位。所以，要强化力度向施工人员与一线管理者推广宣传绿色施工理念，积极开展培训工作，为有关方案与制度的贯彻落实奠定保障。

第三节 绿色建筑施工的四项工艺创新

随着社会以及时代的不断发展，相比于从前而言我国的科学技术也开始变得越来越高，在城市化进程以及我国经济水平不断提高的今天，我国生产力相比于从前而言也正在飞速提高，不难发现，生产力的发展为社会整体发展带来了很多的优势，但是同时也存在着一定的劣势，例如我们如今需要面临的十分严峻的挑战，也就是环境污染以及生态被破坏。因此，在这种情况下，为了保证人们能够正常健康并且绿色的生活，我国应该越来越提高对于可持续发展道路的重视程度，将改善环境以及保护环境作为首要任务。而建筑作为保证人们正常生存的一部分，更是受到了越来越多的关注，因此，我们也应该加强对于绿色建筑的重视程度，为可持续发展提供保障。

在社会以及经济不断发展的今天，走可持续道路已经成为我国发展的重要战略，建筑作为保证人们日常生活重要的一部分，一直以来都受到人们的广泛关注，而在可持续发展的这一背景下，如何将建筑工程与环境保护两者更好地结合到一起已经成为我们需要思考的问题，进行绿色建筑工程施工也已经成为我们的一项重要任务。因此，对新技术、新材料以及新设备进行使用已经变得十分重要。本节将简单对绿色建筑施工的四项工艺创新进行分析，希望能够对我国进行绿色建筑施工起到一定的促进作用。

简单来说，我们所以提到的绿色建筑所指的就是一种环境，这种环境能够让人们在其中感觉到健康、舒心，这样能够更好地再这一环境当中进行学习以及工作。这种环境可以通过节约能源或者是有效地对能源进行利用来提高能源的利用率，可以在最大限度上减少施工现场可能产生的影响，保证能够在低环境负荷的情况下让人们的居住能够更加高效，使人与自然之间达到一个共生共荣的状态。我们进行绿色建筑工程的终极目标就是将"绿色建筑"作为整个城市的基础，然后不断地对其进行扩张以及规划，将"绿色建筑"变得不仅仅是"绿色建筑"，而是变为"绿色社区"或者是"绿色城市"，以此来将人与自然更加和谐的结合到一起。由此，我们可以看出，如果我们想要进行绿色建筑，只依靠想象或者是仅仅纸上谈兵是难以实现的，想要更好地将绿色建筑发展起来离不开的是各种各样不同的创新。而我们所要进行的绿色建筑也并不是可有可无的，是与今后的形式所结合的，更是社会发展的必经之路。因此，想要做好绿色建筑，我们可以从以下几点入手。第一，对建筑的发展观进行相应的创新。第二，将可以利用到能源进行创新。第三，对建筑应用得技术进行创新。第四，对建筑开发的相关运行方式进行创新。第五、对绿色建筑的管理方式进行创新。

外幕墙选用超薄型石材蜂窝、防水铝板组合的应用技术。一般来说，在进行建筑工程建设的过程当中，同类攻坚面积最大的外幕墙应用超薄型石材蜂窝铝板的工程，整个外围幕墙就使用到了十多种的材料，这也就可以看出，使用这种材料不仅仅使用更加便利，同时还能够将建筑的美观以及程度全面地展现出来，同时能够促进企业的科技水平以及生产水平，还能够为其他的同类工程建设提供一定的指导。因为复合材料自身所具备的独特的优势，所以在进行工程建设的过程当中开始有越来越多的人使用复合材料进行建设，而在这些复合材料当中石材蜂窝铝板因为其特有的轻便、承载力较大、容易安装等等特点更是受到了人们的喜爱。铝蜂窝板是夹层结构的坚硬轻型板复合材料，薄铝板与较厚的轻体铝蜂窝芯材相结合，这样不仅能够保证可靠性，同时还能更好地提高美观程度。虽然说铝蜂窝板自身的质量以及性能都有着很强的优势，但是如果将其使用在北方地区，因为北方地区的温度变化较大，所以会受到温度的影响出现变形的情况，为了避免这种问题的出现，所以需要使用超薄型石材蜂窝板的施工工艺来进行施工。

阳光追逐镜系统的施工技术。我们所提到的阳光追逐系统简单来说就是通过发射、散射等等物理方面的原理，对自然光进行使用，这种自动化的控制系统可以有效地节约需要用到的成本，对太阳光进行自动探测，同时还会捕捉太阳光，根据太阳的角度自动调整转向，让太阳光能够到指定的位置。一般情况下来说，阳光追逐镜系统是由追光镜、反光镜、控制箱以及散光片四个方面所组成的，在使用的时候我们应该首先对追光镜以及反光镜进行安装，并且使用电缆将空纸箱与追光镜连接到一起，然后使用控制箱进行调节，这样能够将自然光最大的程度利用上，建筑内部的采光会变得更好。

单晶体太阳能光伏发电幕墙施工技术。光电幕墙是一种较为新型的环保型材料，我们在进行建设的过程当中使用这一技术主要有三个优点，以下我们将简单对这三方面的优点进行分析。第一、光电幕墙是一种新型的环保型材料，主要用在建筑外壳当中，用这种材料进行建设建筑的外形较为美观，同时对于抵御恶劣天气也有着很好的作用，除此之外，使用这种材料可以有效地对建筑进行消音。第二、光电幕墙能够对自然资源进行一定的保护，因为使用这种施工技术进行施工不会产生噪声或者环境方面的污染，所以适用范围十分广泛。第三、第三点也就是光电幕墙最为重要的一个优点，就是不需要使用燃料来进行建设，同时也不会产生污染环境的工业垃圾，除此之外，还可以用来进行发电，是一种可以产生经济效益并且绿色环保的新型产品。

真空管式太阳能热水系统的施工技术。就现阶段能源实际情况来看，不管是我国还是世界的能源都处在一种紧缺的情况下，各国人民都开始投入大量的人力、物力以及财力对新能源进行相应的开发，而在这些能源当中，太阳能作为一种清洁能源，人们对其重视程度相比于其他能源而言又高得多，所以各国人民都开始广泛地开发以及利用太阳能。真空管式太阳能热水系统则是使用了真空夹层，这种真空夹层能够消除气体对流与传导热损，利用选择性吸收涂层，降低了真空集热管的辐射热损。其核心的原件就是玻璃的真空太阳集热管，这样可以对太阳能更加充分地进行利用，住户在建筑当中可以直接使用到热水。我们用一套真空管式太阳能热水系统作为例子来进行分析可以发现，如果我们将其使用年限定为 20 年，每天使用十个小时，那么就可以计算出每个小时可以制造出 30KW 的热水，那么我们就可以节约大概一百七十五万的电费，由此可见，真空管式太阳能热水系统的使用对于我们有效的节约资金是有着十分重要的作用的。我们应该加强对于这一系统的重视力度并且将其更多的应用到建筑施工当中，这样一来不仅能够有效地减少工程可能带来的环境污染，同时还能够更好地节省所需要消耗的经济，不管是对于个人还是社会而言都有着很大的好处。

在我国城市化进程不断加快的今天，人们的生活水平相比于从前而言提高速度开始变得越来越快，而在这种背景之下，城市建筑的"绿色"就成了我们在进行工程建设的过程当中需要重视的事情。因此，人们对于新型的环保产品关注程度开始变得越来越高，人们也开始越来越认识到环保的重要性。想要保证建筑工程的环保性，离不开的就是一些可再生能源以及新型能源的使用，这样可以有效地节约一些不可再生能源，并且减少不可再生能源使用所产生的污染。由此可见，在新形势下，使用可再生能源进行绿色建筑施工已经成为一种趋势，这一趋势更加符合我国发展的实际情况，发展前景也是十分可观的。

第四节 绿色建筑施工的内涵与管理

现阶段，国内建筑业在高速发展，并且国内经济的稳步提升也促进了建筑业快速向更高层次发展。近阶段，国内相关部门对于绿色建筑方面的研究不断深化，也得到了广大民众的高度重视。那么在本节中，就对建筑施工管理中的关键因素做出明确和探讨，并对绿色建筑施工过程中的施工管理措施做出解析，以期为相关工程的发展尽微薄之力。

绿色建筑属于现代新型施工项目，由于此项目在发展中，会体现出节能环保的现实意义，因而，也得到了建筑业的高度重视，并且也切合于现代社会的发展需求。建筑业也将着重点落到了资源小投入、效果理想化两个方面，并且也将所涉技术做出了全面优化。在这样的背景下，施工单位也应当摆脱对以往管理理念的依赖，提高环保意识、强化资源运用程度，进而为建筑业的长期良好发展创造条件。

一、绿色建筑施工内涵

绿色建筑是集工程学、自然学等专业理论的现代施工项目，通过此项目的开展能够使建筑体现生态化特点，以此为民众创造自然、优质、节能、环保的新型居住环境。"绿色"并非一般意义的立体绿化、屋顶花园，而是对环境无害的一种标志。绿色生态建筑是指这种建筑能够在不损害生态环境的前提下，提高人们的生活质量及当代与后代的环境质量，其"绿色"的本质是物质系统的首尾相接，无废无污、高效和谐、开放式闭合性良性循环。在生态建筑中，可通过采用智能化系统来监控环境的空气、水、土的温湿度；自动通风；加湿、喷灌、监控管理三废（废水、废气、废渣）的处理等，并实现节能。绿色施工以打造绿色建筑为落脚点，不仅仅局限于绿色建筑的性能要求，更侧重于过程控制。没有绿色施工，建造绿色建筑就成为空谈。

二、建筑施工管理关键因素

进度管理。进度管理属于工程发展进程中的主要管理环节，借助科学进度管理工作的开展，可以对实际施工进度与预计进度计划实现切合性创造条件。但是在工程具体发展过程中，呈现出了诸多因素，妨碍了进度管理工作的有序进行。如管理组成员工作状态被动，没能充分结合进度方案进行施工、施工技术不完善、施工效果不理想导致的环节重调整、自然条件等等都在很大程度上妨碍了施工进度的标准化发展。施工单位应当基于这样的考虑，来对以上因素做出有效规避，根据理想的施工进度方案，来对后续施工进度做出重新规划。

质量管理。质量是施工管理工作中的重中之重，所以在工程发展进程中，应当加大质量管理力度。那么在工程启动前，就应当对工程区域做出全面的实地勘测，并对所涉建材机械做出全面的质检，防止这些环节的不完善导致施工质量的不理想。不仅如此，在工程发展中，还应充分结合预前计划来进行具体操作，并且还应加大质检力度，使施工问题得到尽早发现和尽快解决。除此之外，在工作验收环节中，也应加大对相关操作过程的重视程度，倘若遇到异常情况，就需要找到直接负责人做出修整。

三、绿色建筑施工管理措施

在市场经济全球化、科技水平不断增强的现今时期，国内经济也在稳定提升，民众生活质量也在逐渐增强。尽管这总体态势良好，但各行业也都应存在风险防控意识，并注意到目前的空气质量下降问题，并且对企业本身的发展方向做出调整和再确立，建立具有长期指导意义的管理措施。在这样的背景下，建筑企业也建立了现代的发展理念，那么其所实行的项目管理工作就应当从以下几点进行考虑：

对建筑施工中能源消耗问题给予更多的关注。在工程发展进行中，就应将所建立的现代理念，落实于各个工程环节中，并对工程区域的建材设备等做出科学配置，以强化对这些物质条件的运用程度。以体现出不随便丢弃资源，提高资源利用率的态势。那么在具体行动中，就应当结合工程要求来购置相应的建材，并对具有节能环保性能的建材进行优先选用，并且还应当以规律性的时间对所引入的设备进行整体管护，在为其持续保持最佳状态创造条件的同时，也为其稳定运用提供保障，并降低污染物的产生量。除此之外，还须重点强调的是，在工程环节结束后，就应当在第一时间停止设备的运转，防止导致电能的大量损耗。

加强建筑施工过程中的污染管制。第一是泥浆问题。很多建筑工程在发展中都会涉及开挖环节，而产生大量的泥浆，如果这些堆放的泥浆不能在第一时间得到妥善清除，就可能会有污染水源的不良后果，针对这样的情况，具体可以考虑以下两点：其一在开挖环节结束后，尽快采取有效措施将这些泥浆进行固化处理；其二是将泥浆填入到工程区域的低挖处，并且在交通工具在现场往来时，就应将车身的泥浆清除，以防止对城区表面造成污染。

第二是扬尘问题。扬尘属于工程现场中的常见现象，特别是在雨少的环境中，扬尘现象会更频繁。倘若再出现暴风，就必然会导致工程现场的尘暴问题。防控此问题的重点措施就是经常对所产生的尘土进行清除，之后在第一时间进行洒水，也就是说借助水的吸附作用来缓解扬尘现象。

第三是水污染问题。从水污染问题重点因素上来分析，具体有以下两个方面：人为因素和自然因素。前者重点是生产线废弃物的大量排放，为图一时便利，很多企业负责人都往往会将生产线所产生的废弃物施入到河水中，导致明显的污染问题。其中后者是由于工程现场后期的清理环节不彻底而剩存一些废弃物，之后在降雨环境中，这些废弃物就都会顺着水流进入到河水中，导致严重的污染问题。针对前一种情况，需由当地政府部门的监管工作组出力进行处理，进而来强化企业负责人的职责意识和道德品质；针对后一情况，则应当在工程所有环节结束后，在第一时间将所有冗余杂物全部清除。

总而言之，绿色建筑的兴起正与国内建筑业发展需求相切合，也切合现代社会发展的潮流。结合现代建筑业的发展态势，以长远发展的思想，建立科学化的理念。然而，现阶段，国内大部分建筑工程在构建绿色建筑时，都会投入很高的技术成本，进而影响了建筑企业各方面效益的提升。所以在工程发展中，就应开展绿色施工管理工作，运用现代新型节能技术，对传统施工管理模式做出优化。

第五节　绿色建筑的施工与运营管理

传统建筑对资源的消耗和对环境所造成的污染十分惊人，绿色建筑在社会发展的今天显得尤为重要。而如今在绿色建筑中越来越多的人认为所谓的"绿色"即为节能。显然绿色建筑与单纯的节能技术是两种独立但相互联系的概念，绿色建筑需要科学有效的施工管理，这种管理是指工程建设中保证质量、安全等基本要求的前提下，通过一定方法能最大范围的节约资源并减少对环境负面影响的活动，这种方法是本节探讨的重点。还有绿色建筑的运营管理技术作为绿色建筑全寿命周期中的重要阶段，其可持续发展、环境友好、节能节水与节材的管理的具体措施同样值得探讨。

面对全球建筑环境的变化，绿色建筑已经转为建筑业追求的发展目标，这同时也是科学发展的一种必然趋势。所谓的绿色建筑其本质就是对建筑本源的回归，因为建筑就自身而言本来就应是"绿色"的。毋庸置疑，科学有效的建筑施工管理除了能使建设项目在当今如此激烈的市场竞争中拔得头筹，还能减少资源的过度浪费和周边环境的污染从而满足人类对生态的要求。而面对"重设计，轻运营"的问题，在绿色建筑的全寿命周期当中，以人为本、可持续发展高、新技术的运营管理就显得尤为重要。

一、绿色建筑的提出与绿色施工

全球的资源短缺和环境问题早已引起了人们的广泛关注，人们发现在引起全球气候变暖的有害物质中，其中由建筑施工和运营过程中产生的高达 50%，令人惊叹的还有建筑业的温室气体排放量还在以极高的速度增长。而建筑行为对环境的影响主要表现为在建筑全寿命周期内消耗自然资源和造成环境污染。在长期以来，总有"绿色""生态""节能""低碳"等词汇出现在我们日常建筑的一些招牌当中，其目的很简单，就是用以潜在购买者或居住者信服他们所负责的建筑项目。但是却很难找到有力的证据来支持这些词语。

2012 年 4 月 27 日。财政部、住房和城乡建设部以财建〔2012〕167 号印发《关于加快推动我国绿色建筑发展的实施意见》。该《意见》充分阐述绿色建筑发展的重要意义，引导我国绿色建筑的健康发展。提出绿色建筑是建筑业可持续发展的必然选择，其施工运营管理和控制室绿色建筑全寿命周期内能源管理的重要环节。所以有两个不同的概念就是绿色建筑是指建筑材料尽量采用环保节能型的材料，采用先进科技设计，使建筑在使用中尽量减少对资源的消耗并减少污染物的排放。而绿色施工则有别于绿色建筑是指施工过程中尽量少的产生对外界的污染和坏的影响(如噪音、污水、先污染、灰尘、对周边道路的污染、垃圾的产生等)创造一个好的施工环境还有一个处于保证安全的施工状态的同时要采用节能型的材料。

二、绿色建筑施工管理

每一个工程项目最关键的就是在于实施，而如何确保实施的顺利、高效与科学的管理是密不可分的，也是绿色建筑中最为核心的组成部分。施工管理是一个项目的灵魂，要做到最大化保证绿色建筑施工质量和效益的同时最小化减小对环境的不利影响，就必须通过科学的手段和先进的技术条件。这其中科学的手段是运用绿色施工技术策略的关键，因为绿色建筑并不是一种新的建筑形式，是与自然和谐共生的建筑。

首先对于一个建筑项目，管理的目的在于预防问题和处理问题。绿色建筑施工管理不由分说就是管理绿色建筑施工，所以管理的怎么样要看其绿色施工的几个要素。对于绿色建筑施工有五个基本要素：第一，绿色建筑施工必须是可以循环利用的。就比如市政工程中污水处理的绿色施工中，处理后的有害工业废渣和一些水泥废料就必须做到循环利用。第二，绿色建筑施工对于建筑材料的使用必须在保证一定功能质量要求的同时还必须延长其使用寿命避免不必要的浪费。第三，"变废为宝"一定是绿色施工的遵旨，将工业废料按其材质和性质分类，经过处理后变成相应的"建筑宝物"。第四，绿色建筑不允许建设时对环境有伤害。第五，对于废水、废气、废渣的排放要达到环保的要求。

其次绿色建筑施工管理是针对施工中存在的问题进行矫正和偏差分析。传统建筑施工中存在的问题一样会出现在绿色施工当中，对建筑工程项目现场管理中存在的问题分析后，施工管理的方式也大同小异。第一，必须建立以项目管理为核心的一套绿色施工管理体制，维护高层管理人员的地位和合法权益的同时建立全面的生产组织系统。第二，培养项目经理的科技知识能力，提高技术指导的安全储备。加强每一位员工的职业道德教育，这是确保管理顺利实行的关键。第三，明确各部门的职能范围和加强现场的一些安全管理。秩序是现场高效运行的基本前提，施工现场管理得当会节约大量的人力物力财力，并且减少工程事故的发生。第四，绿色建筑施工管理的关键是将可持续发展的理念应用在工程建设施工中，优化建筑施工与环境保护。

三、绿色建筑运营管理技术

对于绿色建筑运营管理，与一般的物业服务相比的特点是采用建筑全寿命周期的理论及分析方法，制定绿色建筑运营管理策略与目标，最大限度地节约资源（节能、节地、节水、节材）、保护环境和减少污染。还为人们提供健康、适用和高效的生活与工作环境，应用适宜技术、高新技术，实施高效运营管理。

这其中最重要的就是"以人为本"与可持续发展的运营管理。在过去相当长的时期内，人类以科学技术为手段大量的向自然环境索取不可再生的资源为满足不断增长的物质财富需要，造成了环境的严重破坏，绿色建筑的运营使用就是要改变这样的状况，摒弃有害环境、浪费电、浪费水、浪费材料的行为。"以人为本"的运营理念是最好的管理方式。其次是高新技术与运营管理，在绿色建筑运营管理中应用的高新技术主要是信息技术和应用网络化协同设计与建造技术。随着信息发展特别是互联网通信技术和电子商务的发展，西方发达国家已开始将振兴建筑业、塑造顶尖建筑公司寄希望于工程项目协同建设系统对每一个工程项目提供一个网站。还有建设数字化工地，只有做到在工地现场，如在塔吊顶部、现场大门、围墙等安装视频监控系统，实现了对施工现场的进行全方位的实时监控。而且绿色建筑的运营管理还有节能、节水与节材管理以及环境管理的绿化管理垃圾管理。

四、绿色建筑施工与运营管理的创新

在实施绿色施工中，不能按照传统的施工，需要引进信息化技术，依靠动态参数进行定量、动态的管理以最少的资源投入完成工程。实现的最多应用是要在工艺技术上不断创新，比方说混凝土技术、大坝落度混凝土技术等的应用。还有在绿色建筑运营管理中的数字化技术前景十分可观，在绿色建筑的智能化技术上的创新点也很多。

五、绿色建筑的发展

绿色建筑不单要遵循一般的社会伦理、规范，更应该考虑人类所必须承担的生态义务与责任。自然环境的生态能力是有限的而且我们生存的自然生态体系是脆弱的，人当然不是生灵的主宰相反人类应该是受庇护的生灵。所以建筑作为人工的一种构造物体，应该利用并有节制地改造自然，并保护自然生态的和谐，从而寻求人类的可持续发展。对于未来绿色建筑的发展，应强调因地制宜的重要性，并发展低成本、无增量成本的绿色建筑技术和产品。而在绿色建筑的施工和运营管理方面也应当毫不犹豫的发展创新，秉承科学发展观，为我国的居民创造更多绿色舒适的居住环境。

第六节 绿色建筑施工的原则、方法与措施

与传统施工技术相比，绿色建筑施工不是独立于传统的施工技术，而是符合生态与环境保护、资源与能源利用等可持续发展战略的施工技术。建筑业应该抓住当前发展绿色建筑这一机遇，推动建筑设计行业的转型升级、绿色发展。同时不断强调绿色建筑发展中因地制宜的重要性，发展低成本、无增量成本的绿色建筑技术和产品。

一、绿色建筑施工的必要性

绿色建筑可以大大降低建筑环境中的能源消费作用，从而减少能源消耗。它最大限度地节约资源、保护环境和减少污染，为人们提供健康、适用和高效的使用空间，与自然和谐共生的建筑。建筑业覆盖和涉及的行业多，绿色建筑产业对发展低碳经济和建设两型社会起到重要的引导和带动作用，尤其是在节水、节电、减少垃圾、节能减排，缩短施工周期、降低施工噪音和扬尘污染方面效果显著。（1）工业化住宅的建造方式可将大部分湿作业转入工厂，可以有效地减少有害气体及污水排放，降低施工粉尘及噪声污染，大大减少了施工扰民的现象，有利于环境保护。（2）工业化住宅的构件在工厂集中生产，生产用水和模板可以做到循环利用。雨污分离、节水、节电等等绿色建筑的具体标准，可以做到环境水与生活用水的二次充分利用，节约资金，环保可行。因此，大力发展绿色建筑产业化是调整结构、转型升级的必然选择，对提升建筑施工品质，杜绝质量通病，保障居住安全，提高劳动生产率提升工程建设效率，减少施工周期，都具有积极的战略意义。

二、绿色建筑施工的原则要素

绿色建筑施工主要有四个基本要素：（1）绿色建筑施工对于材料的使用，能够起到隔音及保温的效果的同时，也要增长其使用周期。使用时能达到安全、健康、环保、无毒等要求。（2）绿色建筑施工所采用的原料是工业固体废弃物，"变废为宝"，对废弃物的充分利用能够减少在对资源的开发过程中造成的环境污染和生态破坏。（3）在绿色建筑施工过程中，产生的"三废"废水、废气、废渣能够符合排放标准，达到环保的要求。（4）绿色建筑施工必须是可以循环利用的，以最少的资源消耗达到最大环保效益和经济效益。如净化污水、固化有毒有害工业废渣的水泥材料，或经资源化和高性能化后的矿渣、粉煤灰、硅灰、沸石等。

三、绿色建筑施工技术与方法

绿色建筑主要从外墙、屋面、门窗等方面提高围护结构的热阻值和密闭性，达到节约建筑物使用能耗的目的，绿色建筑施工技术就显得十分重要。(1) 墙体保温施工技术。墙体保温系统的施工是墙体节能措施的关键环节。墙体的保温层通常设置在墙体的内侧或外侧。设在内侧技术措施相对简单，但保温效果不如外侧；设在外侧可节省使用面积，但黏结性差，措施不当易产生开裂、渗水、脱落、耐久性减弱等问题，造价一般也高于内设置。施工工艺一般采用抹灰、喷涂、干挂、粘贴、复合等方式。针对不同的保温材料、不同的施工方法，采用不同的施工技术措施。(2) 门窗安装施工技术。门窗框和玻璃扇的传热系数及密闭性是外墙节能的关键环节之一。根据设计要求选择门窗时，要复查其抗风压性、空气渗透性、雨水渗漏性等性能指标。安装门窗框时，要反复检查框角的垂直度，在框与扇、扇与扇之间须设密封条，以防渗水、透气。在门窗框四周与墙或柱、梁、窗台等交接处，须用水泥砂浆进行严密处置，粘贴密封条或挤注密封膏时，应事先将接缝处清理干净干燥，无灰尘和污物。(3) 保温屋面施工技术。屋面保温是将容重低、导热系数小、吸水率低、有一定强度的保温材料设置在防水层和屋面板之间，可选择板块状的有加气混凝土块、水泥或沥青珍珠岩板、水泥聚苯板、水泥蛭石板、聚苯乙烯板、各种轻骨料混凝土板等。(4) 太阳能建筑技术。太阳能技术的采暖和供热功能，能很好地满足建筑物日常供热需要。太阳能技术还可控制建筑物的采光，有利于建筑物的日常节能利用等。太阳能的使用对于建筑物来说，具有使用安全可靠、无污染、不消耗燃料、不受环境限制、维修维护简单、方便安装等特点，它是最适于建筑物绿色节能环保的一项应用技术。

四、搞好绿色建筑施工的措施建议

健全绿色建筑施工制度体系。健全科学全面的法规与完善的制度体系，有利于推动绿色建筑施工及其技术的发展。我国已经颁布了《绿色建筑评价标准》、《绿色施工指导》、《绿色建筑技术导则》等标准和文件。有些地方也都出台了适合本地区的地方施工标准，这标志着我国绿色建筑施工的评价和标识工作已经开始走向了规范化，这为绿色建筑的示范、推广和奖励工作提供了有效的依据。绿色建筑施工，其关系建筑产品的全过程，而法规体系的制定，较为复杂，需要多种行业以及多种学科的协商才能够完成。要依靠政府部门的参与和引导，才能出台科学实际的法律法规，才能形成一个自上而下的强大的推动力，才能引起公众的积极响应，因此，政府应努力建立健全完善的制度体系，在相关部门的不断调研和持续努力下，不断完善绿色建筑施工制度体系，为促进我国的绿色建筑施工的应用做出积极的贡献。

开展做好绿色施工技术的管理和创新。应对绿色施工评价指标进一步量化，结合实际施工技术水平与企业实际制订若干规章，逐步形成相关标准和规范，使绿色施工管理有标准可依。在实施绿色施工中，要引进信息化技术，依靠动态参数，进行定量、动态的管理，以最少的资源投入完成工程。要继承、优化、集成传统适用施工技术，总结提升传统适用技术实施绿色施工，重点推广建筑业10项新技术在民用建筑工程上的应用。对施工工艺技术的改进以实现绿色施工，如清水饰面混凝土技术，表面不抹灰、喷涂、干挂等装饰，节省资源，减少垃圾量；新材料如大坍落度混凝土的应用，可以降低工人的劳动强度，避免噪音的产生。

培育绿色建筑技术人才，开发自有技术体系，掌握核心技术。由于绿色建筑技术会对原来的规范、工艺、工法产生冲击，更环保、绿色的工艺、工法会被大量应用。(1) 原有的设计、施工、验收规范和标准会被逐步淘汰。有关装配式整体结构、BIM技术标准的规范标准规程会逐步建立起来。(2) 装配式整体建筑施工中的支架、模板体系会大量减少。模板技术体系也会从现场切割拼装，变成模数化的定型模具。装配式构件的预埋技术、构件间的连接技术会得到充分发展。(3) 现在随着BIM技术、物联网技术的迅猛发展，施工企业的技术体系和项目管理会从二维逐渐过渡到三维、四维，会极大地提高工作效率，最终会影响甚至会改变工程总承包单位的管理模式。三维技术交底、建筑内外部实景模拟已经变成现实。将以往凭空的空间想象，变成眼下的真实体验。管理机构的各部门间的联系会更加紧密，各部门之间的界限会变得模糊。BIM技术会逐步被建筑企业所掌握，并大量应用。BIM最终会从一种技术，变成一项管理工具。所以施工企业要制定绿色建筑新技术学习培训计划(装配式整体建筑结构技术、BIM技术、水电暖绿色应用、热量自动控制技术等)。积极培育新人才，建立企业本身的技术体系，研发绿色建筑的核心技术。

总之，绿色施工是在保证质量、安全等基本要求的前提下，通过科学管理和技术进步，最大限度地节约资源与减少对环境负面影响的施工活动，实现四节一环保（节能、节地、节水、节材和环境保护）。在发展绿色建筑施工时，国家及相关部门应加强引导，努力完善绿色建筑施工的法律法规和制度体系，提高公众的绿色建筑施工意识，建立绿色建筑施工示范工程，使绿色建筑施工得到更好地推广与应用。

第五章 智能建筑施工技术

第一节 BIM在智能建筑设计中的实施要点

随着信息技术的飞速发展，信息技术革命已深刻影响到了社会的各行各业。BIM技术被广泛于建筑数字描述中,通过该技术的应用可将建筑信息内容完整的存储在电子模型中,以便于建筑设计工作的有效开展。因此，在实际的应用过程当中，相关设计人员需要正确识别建筑设计项目中BIM信息技术应用的风险，采取必要措施，积极促进BIM信息技术在建筑设计项目中更好的应用。基于此，文章就BIM在智能建筑设计中的实施要点进行分析。

一、BIM的定义及特点

BIM，也就是Building Information Modeling，翻译成中文就是建筑信息模型化，通过数字建模实现建筑的三维表达。建筑工程当中的很多要素都在它的研究范围之内，比如说建筑几何学、建筑元件的数量和性质、地理信息等。BIM是建筑行业中应用非常广泛的技术，可以收集建筑项目具体操作流程当中的相关信息，从而建立起数字化的信息平台。使用BIM技术改变了传统图纸当中的平面模式，可以呈现出多维度的建筑信息。借助于BIM技术可以将数字化的方法技术应用在设计建造和管理的各个过程中去，提高建筑项目的整体质量和效率，避免建筑工程管理失控的现象的发生，减少危险情况出现的概率。BIM技术具有可视化、优化性、协调性等特点。其中可视化可以理解为利用BIM技术能够非常直观地展示建筑具体信息，减少建筑施工的复杂程度，为建筑施工提供便利，而且还能够解决传统二维施工图纸中遇到的重叠性问题；优化性指的是BIM技术能够提供各种信息，主要包括几何信息、规则信息，还有物理信息等，从而优化工程项目；协调性指的是为了使工程项目进展顺利，需要多个部门之间的协调与配合，进行团队合作，完成项目施工工作。使用传统的协调模式会发生很多的问题，因为传统的协调属于事后协调型，当问题出现之后才对问题进行协调解决，这种模式非常浪费时间，影响工期，利用BIM技术能够很好地解决这一问题。

二、BIM 在智能建筑设计中的实施要点

对于智能建筑而言，其电气工程中的弱电系统中 BIM 技术的应用，主要包括弱电间的设备排布、弱电机房、远程监控以及能耗的分析方面。BIM 技术的主要功能是实现建筑主体与弱电系统之间的关联协调性，从而实现机房设计的合理性。比如，以 BIM 技术为主要平台，实现建筑的门禁、停车管理系统以及安防等系统的设计。利用 BIM 系统，以三维模型的方式，将安防监控摄像机进行绘制，该安防摄像机的监控区域、视角以及状态等信息可以在 BIM 系统三维模型中显示。

（一）项目前期准备

为了工作效率，避免重复工作，所处的图纸应当与制图标准相符合。在项目的前期应当做好以下几个方面的工作：①协同方式的选择。当前，Revit 软件有三种协同设计方式，主要包括各个专业单独建立中心文件，通过互相链接的方式进行信息传递；建筑、结构共用一个中心文件，机电专业共用一个中心文件；各个专业共用中心文件。在项目的开始实施之前需要对每一种方式进行压力测试，对每一种面积与模型深度不同的情况进行软件运行，从而保证它的运行流畅。②项目样板设置。当前，二维图纸仍然是具有法律效力的设计成果文件，所以在 BIM 设计中，不仅要完成三维信息模型，还需要通过信息模型转化成为二维的施工图。

（二）平面绘图

（1）设备布置。对已经设置完成的项目样板可以先打开设置，链接建筑模型，然后与弱电系统的构建放置进行链接。三维平面的布置和二维绘图之间的差别之处就在于除过平面定位之外，还有安装高度，对于在二维平面中不适宜处理的地方，可以利用三维视图以及剖面图等方式，从而实现剖面、平面以及三维的同步的修改。

（2）设备族库。在建筑弱电系统中，图纸表示的是每一个系统之间的关系，有自己的符号，和实物相比关系不是很大。BIM 的出图对智能建筑弱电系统的设计而言是一个非常大的挑战，既需要模型，有需要有二维图例，以供出图。依据系统。专业的不同，要选择不一样的族样板，利用放样、拉伸等等绘制族三维模型，根据具体需要添加电压等级、尺寸标注、材质等参数形成参数化族，后期通过调整参数可以使族适应不同的需求。

（三）专业配合

在三维模型之中，可以建立协调试图，通过这样的方式，可以对设备的安装高度进行实时的查看，桥架的位置之间是否存在交叉或者是弱电与强电之间的插座距离是不是合理等问题。在三维协调设计过程中，碰撞检查是一个非常必要的内容，按照项目的不同内容与特点，建立与之相适应的碰撞检查方式，在 Revit 协同设计之中，各个专业能够实时共享各自的设计信息，从而直观地反映各个专业间的碰撞情况，为设计的修改和完善提供方

便。

（四）最终出图

在最终模型得到业主确认后，便可以根据该模型出具最终二维图纸。Revit 具有多种输出方式，可批量导出 PDF 或各种版本的 DWG 文件。在前期设计阶段由于业主方要求或审核审定需要，可能已经出过几版图纸，但经过碰撞检测后进行的模型调整使很多线槽的位置和高度发生变化。

随着建筑工程行业的发展，建筑设计的作用愈加的突出，BIM 信息技术作为一种新型的设计辅助方式，有效的改变了当前建筑设计的现状，在建筑设计项目中有着较大的优势。因此，在实际应用中，要不断总结 BIM 技术的应用经验，加大对该技术应用的推广力度，从而实现经济效益和社会效益的共同发展和进步。

第二节　智能建筑创新能源使用和节能评估

建筑是人类生活的基本场所，随着社会的发展，人口不断增长，城市的建筑规模也在不断增大，大型的建筑群也雨后春笋般增长，建筑产业在社会总能耗量中的比重增加。因此，为了缓解大型建筑的建设对我国造成的经济压力，我国开始建设智能化体系的建筑，通常简称为"职能建筑"。智能建筑在节能环保方面有着功不可没的作用。文章将对智能建筑的节能进行系统的分析，对以后建筑建设中的节能提供有效的措施。

建筑是人类生存的基本场所，但是也消耗了大量的人力、物力和财力。目前，智能建筑的建设已经被人们所认可，得到了相关建筑部门的重视。我国高度重视能源的节约问题，中国近年来能源消耗严重，必须采取有效的措施减少能源的消耗。现在，我国的建筑中，只有极少数的建筑可以达到国家规定的节能标准，其中大多数的建筑都是高耗能的，能源的消耗和浪费给我国的经济造成了严重的负担。一系列事实表明，建筑的能耗问题制约着我国的经济发展。

一、我国智能建筑的先进观念

所谓智能建筑，指的是当地环境的需要、全球化环境的需要、社团的需要和使用者个人的需要的总和。智能建筑遵循的是可持续发展的思想，追求人与自然的和谐发展，减轻建筑在建设过程中的能耗高的问题，并降低建筑建设过程中污染物的产生。智能建筑体现出一种智能的配备，指在建筑的建设过程中采取一种对能源的高效利用，体现出以人为本的宗旨。中国在发展智能建筑时，广泛借鉴美国在节约资源能源和环境保护方面所采取的严厉措施，节能和环保已经成为我国建设智能建筑的一项重要宗旨。如果违背了节能环保的原则，智能建筑也就不能称之为智能建筑了。建设智能建筑是我国贯彻可持续发展方针的一项重大的举措，注重生态平衡，注重人与人、人与自然和谐相处。但是，我国现在的职能建筑还是有一定缺陷的，并没有从根本上做到低能耗、低污染，由此可见，只有通过对智能建筑的不断研究，充分实践，才能挖掘出智能建筑的真正内涵所在，真正实现能源的节约和可持续发展的理念。

二、智能建筑可持续发展理念的分析

智能建筑影响着人们的生活和发展，从目前中国的科技发展水平来看，"人工智能"还没有达到人类的智能水平，智能建筑具有个性化的节能系统而著名，这样的建筑物主要是满足我国能源节约的需要而研究的。但是要想真正意义上实现智能的职能，我国在建设智能建筑的时候不仅仅要落实科学发展观的基本理念，也要运用生态学的知识来分析建筑与人之间的关系，建筑与环境之间的关系。

可持续发展战略是我国重要的发展理念，它要求既能满足当代人的需要，又不对后代的人满足需要构成威胁。可持续发展观是人类经历的工业时代，人们片面追求经济利益而忽视了环境保护造成不良后果后而进行的反思。在建筑的建设过程中，大量的森林被砍伐用作建筑材料，有些建筑所用的材料还是不可再生的资源，这对人类的发展和后代的生存构成了很大的威胁。

因此，我国为了体现建筑在建设过程中的可持续发展战略，智能建筑应运而生。智能建筑是一种绿色的建筑，体现了人与自然的和谐相处。

三、制约职能建筑发展的因素

（1）社会环境与社会意识的影响。

我国的建筑业在发展过程中没有实质性的纲领，尤其是在智能建筑上，盲目的追求节能，在节能的同时就消耗了大量的财力，实际上没有节省下能源。我国对智能建筑的认识还不够全面，而国外对于智能建筑的认识就相对全面些，因此，引进国外对于智能建筑的相关见解，能够促进我国智能建筑的建设，实现能源的节约与能源的充分利用。这对我国实现智能建筑的可持续性具有重要意义。

（2）我国在智能建筑的建设方面的总体布局与设计、深化布置与具体的实施方案不协调，甚至产生了严重脱节的现象。

这样，在智能建筑的建设过程中，就会出现很多意想不到的状况，使智能建筑的建设难以达到预期的目标。

（3）我国智能建筑在工程的规划、管理、施工、质量控制方面，没有相应的法律法规进行约束和规范。

我国智能建筑在建设的过程中没有清晰和明确的思路，施工人员没有受到法律法规的约束，对生态、节能、环保的重视程度不够。

（4）我国智能建筑没有在自主创新的思路上进行建设，缺乏自主知识产权。

我国总是在一味借鉴他人的经验，智能建筑建设过程中所采用的方法不得当。

（5）我国智能建筑的建设没有其他的配套措施。

我国的建筑在建设完毕后，没有相应的标准对建筑物进行评估。

四、创新节能思路和方法

（一）积极探索新节能改造服务道路

节能改造是维系整个建筑行业有效发展的重要途径，从我国建筑行业真实情况中发现，智能建筑创新能源发展要想真正地实现低碳化，就要不断地加强宣传活动，积极鼓励节能减排，并且要积极推广新能源的利用，经如风能、太阳能，有效地控制不可再生能源的消费和利用，目前不可再生能源的利用在建筑行业中仍旧占据主导地位，不可再生能源的利用要严重超过可再生能源的利用，为此，需要将宣传活动积极转化为实践活动，比如开放低碳试点，遏制高耗能产业的扩大，控制能源的消费和生产，大力发展能耗低、效益高、污染少的产业与产品，从低碳交易、工业节能、建筑节能等各个方面进行深入研究，建立完善的低碳排放创新制度，目前已经有多数地方实现了节能发展，据2012年建筑能耗占我国全社会终端能耗的比例约为27.5%，比以往降低了10个百分点。

（二）结合市场规律优化节能改造

就智能建筑创新能源使用进行分析，实现建筑节能已经成为发展中的重要任务，比如从当前建筑生命周期来分析，最主要的能耗来源于建筑运行阶段。因此，就我国400多亿平方米的存量建筑而言，有效降低建筑运行能耗至关重要。为此，需要加强对市场规律的研究，对市场动态为导向，不断地优化区域能源规划。

（三）空调等设备的节能

在智能建筑中应降低室内温度，室内温度严格按照国家规定的标准进行调制，夏季温度应保持在24度到28度，冬季温度应保持在18度到22度。在国家规定的幅度内，可以采用下限标准进行节能。空调的设定要控制在最小风量，在夏季和冬季，风量越大，反而产生的热量就越多，所以把风量调到最小，可以实现能源的节约。空调在提前遇冷是要关闭新风，在新的建筑中，空调在开启时要关闭所有的风阀，这样可以减少风力带来的负荷对能源的消耗。空调温度的设计要根据不同的区域进行不同的设定，如在大酒店、博物馆等较大的空间内，可将温度调节到比其他的室内稍微低的温度，在较小的区域内，如在教师等地方，一定要严格执行国家标准进行空调温度的调节。

智能建筑是我国进行建筑的建设所追求的永恒主题，智能建筑在中国的市场还是十分广阔的，通过正确的分析和处理，采用正确的方法和思想观念理解、开发正能建筑，对中国建筑业的发展具有重要的意义。中国只有在狭隘的发展模式中走出来，真正地理解了智能建筑发展的精髓所在，才能切实地实现智能建筑的可持续的良性发展。

第三节　建筑电气与智能化专业实验室

在建设新实验室的过程中，特别是专业实验的建设，如何使其更加面向实际，贴近实际工程，是必须首先考虑的问题。现结合建筑电气与智能化专业实验室的建设，坚持创新，用创新的思想建设实验室。通过创新，提出了"实验设备＋工程背景"新概念，即实验室不仅是实验场所，同时也是工程现场。这一创新思想在实验室的整个建设过程中得到了验证，证明这些观点和做法是可行的，有着一定的推广和借鉴意义。

目前，国内应用型本科院校在培养人才方面越来越重视对学生的动手能力的培养，特别是教育部最新提出卓越工程师的培养计划以后，更是强调实践的重要性。无论是从教学计划的内容，还是实践环节学时数的安排，都得到了空前的加强，这无疑是件好事，但同时也给实验教学和实验室的建设造成了巨大的压力，提出了许多新的课题。譬如在新形势下，实验室如何建设的问题。

解决这些问题的出路在于指导思想的转变，打破原有各种条条框框，充分利用现代技术和手段，用创新思想建设实验室和管理实验室。应用型本科院校的实验室究竟应当怎样建设与管理，建筑电气与智能化专业实验室在建设过程中提出的一些新的思想和新的做法，对今后的实验室建设与管理有着一定的实际意义。

一、要用创新思想指导实验室的建设

随着科学技术的飞速发展，技术的不断更新，新学科的不断涌现，致使学科之间呈现出大量的学科交叉、融合、知识共用等现象和特点。因此，实验室建设也要用创新思想来指导，以适应科学技术的发展。具体做法如下。

（一）缩小实验室规模，提高实验室与实验设备的利用率

每个实验室不宜过大，同一种实验设备也不宜购置过多，特别是专业实验室，设备的体积往往很大，且过于笨重，同时，也会受到资金和实验场地的限制，因此，同一种设备更不宜过多购置，以减少实验室空间的占用和设备过多地重购，也有利于为设备的不断更新创造条件，预留空间。

由于同一种实验设备减少，每一次实验安排的学生人数必然减少，这样可以在做实验的学生中防止滥竽充数、搭便车和蒙混过关的现象，提高实验的实际效果；同时，实验设备的利用率必将大大提高，实验室的使用效率也得到提高。

（二）改进实验室的管理模式，采用实验室预约方式管理

在学分制的教学管理体制下，现在每个学生的学习计划（课表）都呈现出个性化和多样性的特点，要想让学生整班集中在一起做实验的管理方法实施起来将越来越困难。因此，采用预约实验的管理方法是一种非常适合的一种实验管理方法，同时还可以实现网上预约。

所谓网上预约的方法，就是学生可以在任何地方、任何时间通过网上的"实验预约管理系统"进行实验预约。实验室教师将实验室中所能开设的各种课程必做实验和开发学生兴趣的实验在网上公布，并为每个实验提供实验指导书。同时，实验室的教师根据做每个实验所需的时间，将每个学期能够做实验的时间划分为若干个时间段，以便供学生根据自己的学习计划选择，进行网上预约或现场与实验教师预约。今后，还可以通过手机进行实验预约。预约的内容包括做哪个实验，选择实验的时间段等。

实验室实行全天开放（假期也开放）的开放式管理。利用现代化的门禁系统，实行进、出实验室都刷卡的方式进行管理。学生是否去实验室做了实验，在实验室逗留时间多少都可以通过门禁系统反映到网上来；同时，利用实时监控系统对实验室进行24h的监控。使实验室全部计算机管理而不是由人来管理，这就减少了人为因素，保证了结果的公平公正。

实验室教师的角色也逐渐地由带实验或指导实验，转变到工作重点是如何写好实验指导书，制定评定学生实验报告成绩的标准上来。学生根据实验指导书应当能够自主地独立完成实验，写出实验报告。只有这样，才能够使实验室的建设和管理适应教学不断改革的要求。

二、实验室建设要强调设计实验室，面向实际应用，面向设计需求

在建设专业实验室时，要突出现代化的特征，要强调设计实验室，融入专业发展的要求，要面向实际应用，面向学生设计的需求。所有购置的设备都应接近实际生活中正在使用的设备，或设备的使用环境，而不应当仅局限于验证课程中的某一理论，这一点对于专业实验室的建设尤为重要。为了实现这一目标，仍然需要在建设实验室的过程中进行创新。

（一）明确自身的目标，对实验设备进行再设计

在采购楼宇供电设备时，发现一些教学设备生产厂家将楼宇供电设备与照明设备结合在一起，其目的就是将照明部分作为供电设备的负载，表面上看一套设备综合了2个实验的功能，可以同时完成2种实验，具有占地少，设备集成综合性好的特点。但是，这样的实验设备也造成了供电与照明互相制约，各自不能独立工作，各自的作用互相受到限制，实验时，供电设备只能用于照明设备的供电，不能为其他设备供电，各种故障和现象都需要人为制造，不便于自由地开发楼宇供电的其他实验。

分析了生产厂家为什么这样做的原因之后，在建设新的实验室时就强调，楼宇供电设

备实验装置既然能够给楼宇供电，就应当能够为实验室内的各种设备供电，作为一个单独的实验室供电设备，以整个实验室的设备为供电对象或负载，真实地再现和模拟实际供电情况。

电源的监控部分不仅能够监控和处理人为设置的各种故障和随机出现的各种故障现象，同时，也使楼宇供电设备能够与其他实验设备自由组合，增加了负载的多样性。这样一来，对供电设备的容量、输出线路的路数、测试点的个数，监控部分都提出了新的实际要求，促使厂家对设备进行再设计，以满足供电设计实验的需要，这既促进了企业提升产品档次，同时，在设备设计的理念上融入了新的思想和新的要求，更加贴近工程实际。

（二）用新思维、新概念建设实验室，使之具有工程背景和环境特征

实验设备要实用化、工程化，接近真实环境是在新建实验室的建设过程中十分强调的问题。特别是在建筑电气与智能化实验室的建设过程中，提出了"实验设备＋工程背景"概念，即将实验室的每项实验设备的建设分为两部分。一部分是实验设备，另一部分则是与此对应的工程建设部分，也是实验设备向工程实际的延伸和扩展，使新建的实验室既是实验场所，同时也是工程现场。实验设备或装置主要是完成理论的验证，而工程部分则是由学生通过实验台来完成对工程背景进行控制与操作，使学生有一种身临其境的感觉。"实验设备＋工程背景"的思想几乎贯穿在整个实验室建设中的各个系统设计之中，也是该实验室建设过程中的创新点。

实验室中"工程背景"这一概念的提出，使学生所学的知识有了用武之地和施展的空间。使学生能够通过软件对真实的工程背景进行编程设计，着重培养工程设计与创意设计能力，体现出应用型本科院校在人才的培养方向上突出应用性的特点。

三、建筑电气与智能化专业实验室建设实例

（一）EIB照明系统建设的创新

以建筑电气与智能化专业实验室中照明系统建设为例。该照明系采用了目前国际最先进的EIB总线系统。在建设过程中，根据"实验设备＋工程背景"的设计理念，不仅设计了2台套EIB总线系统的照明实验设备，购置了2套正版EIB系统调试软件，而且在实验室的吊棚上，以点阵布局方式安装了由98盏灯构成的实际照明系统作为工程背景，通过由EIB窗帘驱动器器控制的窗帘营造出一种真实的家居环境，在走廊中安置了由EIB人体感应器控制的30盏走廊路灯，供学生做工程体验，并进行各种图案的编程设计和家居环境设计。

学生在实验台上，既可以通过编程完成实验台上的8盏灯照明控制的基本实验，同时又可以通过网关将实验台与作为工程背景的实际照明系统相连接，在实验台上通过系统调试软件就能够对吊棚上的照明系统进行各种照明图案的设计与编程；通过对走廊传感器的

亮度感应值的设定，可以实现白天人经过走廊灯不亮，只有晚上或光线暗到一定程度时灯才随着人的走动渐亮渐灭的节能功能，以及窗帘的定时开闭功能。

（二）监控系统建设的创新

按照"实验设备＋工程背景"的构思，在建筑电气与智能化专业实验室中，设置了2套监控系统，一套为监控培训系统，以整个实验大楼作为工程背景和载体，摄像机就安装在楼内各个实际监控点上，每层楼安装2个监控摄像机，可以对整个实验大楼的6层楼进行监视，在实验室的内部和外部也都在墙上安装摄像机。在监控室内安装了由17个21寸彩色监视器组成的屏幕墙；由一个控制台控制，既可以做实验，又可以直接作为保安监控室用。另一套作为24h实时监控用。2套系统全部按照安全防范的规范要求进行设计，实时监控系统还与门禁系统和校园一卡通相连接，为实现预约实验管理、学生刷卡进入实验室，对实验室进行24h的监控，为打造无人值守的实验室奠定了坚定的基础。

可以说，EIB照明系统和监控系统工程部分的建设，彻底颠覆了目前市场上采用网孔板搭成的框架或采用小房子模型来模拟工程实际背景的设计，而且直接以实验室的墙壁、大楼本身和室内吊棚为依托背景进行工程部分的安装和设计。这样做既解决了应用型本科院校实验室场地狭小，面积不够大的问题，同时也使实验过程、内容更加接近实际，学生看到的就是将来在实际楼宇中所看到的。

（三）LONGWORK总线的实验创新

在建筑电气与智能化专业实验室建设过程中，不仅购买了LONG总线综合控制台设备，而且要求厂方能够利用该设备将实验室内的各个LONG总路线设备连接起来，在实验室内部形成一个局部的LONG网络控制系统。通过连接成的LONG网络控制系统，使学生能够利用LONG网络控制系统，通过LONG综合控制台设备对实验室内的其他LONG总线设备进行控制，甚至可以通过互联网进行远程控制，使学生对LONG总线不只是停留在认知的程度上，而且能够实际操作，使LONG总线设备构成的控制网络具有一定的工程意义。

（四）实训系统框架和消防系统工程背景的创新设计

除了实验装置以外，考虑到实验室场地的共用性，专门设计了4套可折叠的十字架培训系统，供学生进行设备的拆卸、组装实验，十字架培训系统的可折叠的功能是由浙江科技学院首先提出和设计的，是一个创新设计，是针对应用型本科院校实验室场地小、共用性强的特点专门设计的，具有自主的知识产权。

另外，还为2套消防系统实验台设计了对应的工程背景，如烟雾传感器、喷淋头，并实现了联动，可以实时地再现生活中的消防过程和环境。

以上实例表明，实验室的建设过程也是设计实验室的过程，而设计实验室的过程就是创新的过程，要用创新的思想去建设，通过创新使建筑电气与智能化专业实验室更加面向应用，贴近实际。如实验中使用的 EIB 软件就是目前杭州大型酒店、写字楼中正在使用的软件。因此，学生通过对实验室的工程背景进行编程，掌握该软件的使用方法后，学生就可直接上岗工作，真正做到了"今日校内之所学，即为当前社会之所用"的目的，大大缩短了从学校走向工作岗位的适应期。

综上所述，如何建设实验室始终是一个需要不断进行研究的课题。要用创新的思想指导实验室建设与管理，要不断地进行实验教学改革，以适应理论教学和教学改革的要求。在实验室的建设过程中提出的"实验设备＋工程背景"的思想就是一种创新的思想，也是不断总结前人经验的结果。虽然"实验设备＋工程背景"的思想是在建设建筑电气与智能化专业实验室过程中提出来的，但对今后其他专业实验室的建设将起到一定的借鉴作用和推动作用。

第四节 智能建筑施工与机电设备安装

在城市发展进程中引入了很多最前卫的技术手段并获得了大面积的运用，同时人们对各类生活及工作设备的标准也在逐步提升，随着智能建筑概念的引入，各种城市建造的飞速进步让现今的建筑项目增加了不少的困难，相对应的智能手段与智能技术的运用也在不断地提升与增多。建筑安装技术的创新演化出大量的智能型建筑，让其设备变为智能建筑作业中的核心与关键点，更是强化质量的前提。

智能建筑是融合信息与建筑技术的产物。它以建筑平面为基础，集中引入了通信自动化、建筑设备自动化与办公自动化。在智能建筑中机电设备是必不可少的一部分，只有使机电设备的安装质量佳才能保证智能建筑的总体质量。所以，只有监管好了机电设备的安装质量，才能使智能建筑的总体质量大幅提升。

一、在智能建筑作业中机电设备安装极易产生的问题

（一）机电安装中存在螺栓连接问题

在智能建筑施工中，螺栓连接是最基础也是非常重要的装配，螺栓连接施工质量影响着电气工程电力传导，所以，在开展螺栓连接施工的时候，必须要加强对施工质量的控制。在对螺栓进行连接的时候，如果连接不紧固，那么将会导致接触电阻的产生，在打开电源后，机电设备会因为电阻的存在，而出现突然发热现象，不仅会给机电设备的正常运行带来极大的影响，严重的甚至会导致安全事故的发生，加大建筑使用的安全隐患。

（二）电气设备故障

在对机电设备进行安装的时候，电力设备产生问题关键体现于：一是在电气设备安装

过程中，隔离开关部位接触面积不合理，与标准不相符，导致隔离开关容易氧化，进而加大电气事故发生概率；二是在电气设备安装过程中，没有对断路器的触头进行合理的安装，导致断路器的接触压力与相关标准不相符，进而预留下严重的安全隐患；三是在安装电力设备时，未通过科学的检查就进行安装，很多存在质量问题的电力设备都直接安装使用，这些电力设备在实际运行的时候，很难保持良好的运行状态，容易导致电力安全事故的发生；四是电气设备在实际安装与调试的时候，相关工作人员没有严格遵循安装规范与调试标准来进行操作，从而导致电气设备的故障率大大增加，进而引发电气安全事故。

（三）机电设备安装产生的噪声大

现如今，随着我国建设行业发展速度的不断加快及人们生活水平的逐渐提高，人们对建筑环保性也提出了更高的要求，所以，在开展智能建筑施工的时候，必须要始终坚持环保性原则，对各种污染问题进行控制。不过由于智能建筑在开展机电设备安装施工的时候，会使用到大量的施工设备，而这些设备在运行时，会向外界传出大量的噪音，这些噪音的存在，会给周边居民的正常生活带来极大的影响，使周边环境受到严重的噪声污染。

二、智能建筑施工中机电设备安装质量监控策略

（一）严把配电装置质量关

在整个智能建筑中，配电装置发挥着至关重要的作用。因此，必须要加强对配电装置的重视，并严把配电装置质量关，从而保证配电装置在使用过程中能够保持良好的运行状态，确保智能建筑的使用安全。在配电装置采购阶段，采购人员必须要加强对配电装置的质量检测，确保其质量能够符合相关标准要求后，才能予以采购，如果配电装置的质量不达标，则坚决不予应用。在智能建筑中的楼道里安装变压器、高压开关柜以及低压开关柜等装置的时候，往往会遇到一些技术问题，这些技术问题很大程度地影响了装置功能的正常发挥。为了使这些技术问题得到有效解决，在开展配电装置安装作业的时候，相关技术人员必须要加强对整定电流的重视，确保电流大小与相关标准吻合，不能过大也不能过小。同时，在安装过程中，还应当加强对图纸的审核，及时发现并解决事故隐患。

（二）确保电缆铺设质量

电力工程在建设过程中，所需要的电缆线是非常多的，且种类也非常繁多。而电缆线是电能输送的重要载体，其质量如果不达标的话，那么将会给电力系统的正常运行带来很大影响，严重的还可能会导致火灾事故以及触电事故的发生。由于不同电缆有着不同的作用，且电力荷载也是不同的，所以，在开展电缆铺设施工的时候，必须要合理选择电缆，如果施工人员没有较强的技术能力或者粗心大意，不以类型划分，也没有经过严苛的审核，很容易导致在运营进程中电缆出现超负荷运行，给电缆的正常使用带来极大的影响，削弱

了电缆设施的使用性能以及防火等级，给工程施工埋下非常大的安全隐患。智能建筑在实际使用的时候，会应用到大量的电力能源，如果电缆的质量不达标，或者电缆铺设不规范的话，那么将很可能出现电缆烧毁现象，从而引发火灾事故，给周边人员的人身安全及电力系统的正常运行带来非常大的威胁，因此，必须要加强对电缆铺设质量的重视。

（三）加强配电箱和弱电设备的安装质量监控

配电箱主要控制着电能的接收与分配，为了使项目中动力、照明及弱电负荷都能正常运作，需要重视起配电箱的工作性能。现今的智能建筑项目中，使用的配电箱型号比较繁杂且数目较多，而且多数配电箱还受限于楼宇、消防等弱电设施，箱内原理繁杂、上筑下级设制合严格。此外，电力系统的专业标准与施工队伍的资质高低不一，在设计过程中，容易受到各种不利因素的影响，设计的合理性及可行性无法得到有效保障。在实际施工的时候，如果施工单位只依照设计图纸而没有重视修改部分，或者在安装时不严把技术关而直接对号入座，这样根本达不到有关专业标准。所以，业主、监理方要依据设计修改通知间来逐一审核现场的配电箱，将其中存有的错误给改正过来，比如开关容量偏大或偏小、回路数不够等。要严苛配合好电力设备的上下级容量，如果达不到技术标准，就会使系统运营与供电不稳，最终引发事故。

如今，智能建筑发展态势良好，要使其实现更好地应用发展，需要对其中机电设备安装质量加大保障力度，实行有效的质量监控，确保机电设备安装施工达到质量目标，充分发挥其自身的功能，实现各个控制系统的稳定和高效运行。

第五节　科技智能化与建筑施工的关联

工程建设中钢筋混凝土理论和现代建设技术在100多年的发展时间里，就让世界发生了翻天覆地的变化，一座座摩天大楼拔地而起，大桥、隧道、地铁随处可见，我们相信建筑时代高科技的发展一定会带来意想不到的改变。施工建设与科技智能化相结合是以后发展的必然趋势。我们期待更高的科技运用来带动更多的工程建设发展。

一、施工中所运用到的高科技手段

环保是当今全世界都在倡导以及普及的一个话题，施工建设与环境保护更是密不可分的。施工建设含义很广，像盖楼、修路都包含其中，最早的施工现场都是尘土飞扬，噪声不断，试问哪个工地能不破土破路，这样的施工必然造成扬尘及周边的噪音指标超高。为了高校控制扬尘，各个施工单位集思广益，运用高科技技术，将除尘降噪运用到各个施工现场。例如，2017年8月曾见到山东潍坊某某小商品城建项目施工现场，数辆不同类型的运输车辆和塔吊车辆依序在工地出口进行等待检测冲洗轮胎，防止带泥上路。设在出入口的电子监设备自动筛查各车辆轮胎尘土情况，自动辨别冲洗时间及冲洗次数，大大节省人力物力，并有效地控制了轮胎泥土的碾洒落等情况，提高环保的同时也高效地控制了施工成本，节约了人员成本，防止了怠工情况的发生，同时也更便捷、快速地处理了车辆等待问题，提高了工作效率。这就是高科技与低工作相结合带来的便捷、高效和低成本。

高科技与施工相结合解决不可解决的施工问题，并节约施工成本。工程建设中有一项叫修缮工程，顾名思义就是修复之前的建筑中部分破损或者有误的一些施工项目。但像国家级保护建筑，修复往往会十分困难，首先是修复后的施工部位必须与周围的建筑相融合不能看出明显的修复痕迹，再次就是人为制造岁月对施工材料洗礼后带来的沧桑，最后是修复的同时保护周围的原有建筑部能遭到二次破坏，这样的问题对施工人员及机械就提出了很高的要求。

此时3D打印技术就进入了工程师的脑海中，3D打印技术是一种以数字模型为基础，运用粉末状金属或非金属材料，通过逐层打印的方式来构造物体空间形态的快速成型技术。由于其在制造工艺方面的创新，被认为是"第三次工业革命的重要生产工具"。3D是"three dimensions"简称，3D打印的思想起源于19世纪末的美国，并在20世纪80年代得以发展和推广。3D打印技术一般应用于模具制造、工业设计等领域，目前已经应用到许多学科领域，各种创新应用正不断进入大众的各个生活领域中。

在建筑设计阶段，设计师们已经开始使用3D打印机将虚拟中的三维设计模型直接打印为建筑模型，这种方法快速、环保、成本低、模型制作精美并且最大限度地还原了原始的风貌。与此同时节省了大量的施工材料，并且使得修复的成功率提高很多。

缩短施工工期的同时节省减少施工成本。3D打印建造技术在工程施工中的应用在当前形势下有重要意义。我国逐渐步入老龄化社会，在劳动力越来越紧张的形势下，3D打印建造技术有利于缩短工期，降低劳动成本和劳动强度，改善工人的工作环境。另一方面，建筑的3D打印建造技术也有利于减少资源浪费和能源消耗，有利于推进我国的城市化进程和新型城镇建设。但3D打印建造技术也存在很多问题，目前采用的3D打印材料都是以抗性能为主，抗拉性能较差，一旦拉应力超过材料的抗拉强度，极易出现裂缝。正是因为存在着这个问题，所以目前3D打印房子的楼板只能采用钢筋混凝土现浇或预制楼板。但对于还原历史风貌建筑，功效还是十分显著的。

二、增加人员安全系数

建筑业依赖人工，如何解放劳动力，让工序简单，质量可控，当下国内建筑业在提倡"现代工业化生产"。简单来说：标准化设计、工厂化生产、装配化施工、一体化装修、信息化管理，绿色施工，节能减排，这些都是建筑产业转型升级的目标。关于这一点，国家相关部门当然十分重视的，也是必然趋势。

随着建筑业劳动成本逐年增加，承包商都叫苦不迭，怨声载道，再加上将来的年轻人不愿上工地做农民工，再这样走下去建筑施工业持续发展会十分困难，此时就要依靠先进的机械化生产了，机械力取代劳动力的时日就可指日可待了。

高科技现代化节约人力物力，可应用于各个行业，比如芯片激光技术；作为质量检测的技术，十分方便，材料报验、工序报验等工作更是方便许多，与此同时也大大地提高了检测的准确率；BIM技术作为国外推行了十多年的好技术，指导各个专业施工很方便，而且可直接给出料单以及施工计划，当然省时省力。

其实，真正导致建筑业不先进的地方是管理与协作模式，这是建筑业效率低下的主要原因，也许解放双手，更新劳动力的科技化，是后期建筑业的发展趋势也是缩短工期节约成本提高质量的必然要求。

三、高科技对工程建设不但高效节能，还可以节约工程成本避免资源浪费

如今的中国，已位居建筑业的榜首国家，据统计，去年我国建筑业投资就过亿美元，但是这并不是我们值得自豪的骄人战绩，其负面效应正在日益显露出来，随着国家刺激经济的措施推动及地方政府财政的需求，土地、原材料成本的上升，造成了部分城市住宅的有价无市，房屋空置率持续上升。此外还造成能源和资源的浪费，使中国亦成为世界头号能耗大国，频繁的建造造成的环境污染更是日益严重，而且许多耗费巨资的建筑，却往往是些寿命短、质量差的"豆腐渣"工程。我们为造成这样的局面寻找出众多原因，但目前我国建筑工程中过仍然多地依赖传统工艺和材料，缺少在施工过程中运用高科技必然是其中最主要的原因之一。

首先，我国建筑能耗占社会总能耗的总量大、比例高。我们在施工过程中大多采用传统的建筑材料，保温隔热性能得不到保证，目前我国建筑达不到节能标准，建筑能耗已经占据全社会总能耗的首位。

其次，地价、楼价飙升，楼宇拆迁进度加快，导致部分设计单位、施工企业对建筑物耐久性考虑较少，而施工中采用的技术手段过于传统，工程质量得不到保证，建筑物使用寿命降低。据统计，我国建筑平均使用寿命约28年，而部分发达国家像英国、美国等建筑平均使用寿命可长达70～132年之久。

最后，若依然使用传统方法，对于高速运转的当今社会来讲，工程质量、安全便可能得不到更有力的保障。目前我国的建筑业只是粗放型的产业，技术含量不高，超过80%的从业人员均是农民工群体，缺乏应有的质量意识和安全意识，而质量事故、安全事故也屡有发生。

若在不久的将来，高科技替代人工建筑，将农民工培养成机械高手，利用机械的手段实施建设，即使有意外的发生，也可以大大减少伤亡率，保证工人的生命安全，降低工程质量的人为偏差，更加高效地保证建筑质量。

工程建设中钢筋混凝土理论和现代建设技术在100多年的发展时间里，就让世界发生了翻天覆地的变化，一座座摩天大楼拔地而起，大桥、隧道、地铁随处可见，我们相信，高科技的发展对建筑时代的来临一定会给我们带来意想不到的改变。哥本哈根未来研究学院名誉主任约翰·帕鲁坦的一句话值得我们深思：我们的社会通常会高估新技术的可能性，同时却又低估它们的长期发展潜力。施工建设与科技智能化相结合是以后发展的必然趋势。我们期待更高的科技运用来带动更多的工程建设发展。

第六节　综合体建筑智能化施工管理

建筑智能化是以建筑体为平台，实现对信息的综合利用，是信息形成一定架构，进入对应系统，得到具体利用。那么对应就要有对应的管理人员予以管理，实现信息优化组合。综合体建筑则是在节省投资基础上实现建筑最多的功能，功能之间能够有效对接，形成紧密的建筑系统。综合体建筑智能化施工，也就意味着现代建筑设计方案和现代智能管理技术融合，是骨架和神经的充分结合，赋予了建筑体一定的智能。本论文针对综合体建筑智能化施工管理展开讨论，希望能够找到具体工作中难点，并找到优化的途径，使得工程更加顺畅地进行，提高建筑的品质。

随着我国环保经济的发展，建筑体设计趋于集成化、智能化，即一个建筑容纳多种功能，实现商业、民居、休闲、购物、体育运动等等功能，节省土地资源降低施工成本提升投资效益。而智能化的体现主要在于综合布线系统为代表的十大系统的合理设计和施工，实现对建筑体功能的控制。这就决定了该工程管理是比较复杂的，做好施工管理将决定了总体工程的品质。

一、综合体建筑智能化施工概念及意义

顾名思义以强电、弱电、暖通、综合布线等施工手段对综合体建筑智能化设备予以链接，使得综合建筑体具有的商业、民居、休闲、购物、体育运动、地下停车等功能得以实现。这样的施工便是综合体建筑智能化施工。也就是综合体建筑是智能化施工的平台，智能化施工是通过系统布线，将建筑工程各功能串联起来，赋予了建筑以智能，让各系统即联合又相对独立，提升建筑体的资源调配能力。建筑行业在我国属于支柱产业，其对资源的消耗是非常明显的，实现建筑集成赋予建筑智能，是建筑行业一直在寻求的解决方案，只是之前因为科技以及经验所限，不能达成这个愿望。而今在"互联网+"经济模式下，综合体建筑智能化施工，是将建筑和互联网结合的产物，对我国建筑业未来的发展具有积极的引导和促进作用。

二、综合体建筑智能化施工管理技术要求

任何工程的施工管理第一个目标就是质量管理。综合体建筑智能化施工管理，因为该工程具有多部门、多工种、多技术等特点，导致其管理技术要求更高，对管理人才也提出了更加严格的要求。在实际的管理当中，管理人才除了对工程主体的质量检查，还要控制智能化设备的质量。然后要对设计图纸进行会审，做好技术交底，并能尽量避免设计变更，确保工程顺利开展。其中监控系统是负责整个建筑的安全，对其进行严格检测具有积极意义。

（一）控制施工质量

综合体建筑存在设计复杂性，其给具体施工造成了难度，如果管理不善很容易导致施工质量下降，提升工程安全风险，甚至于减弱建筑的功能作用。为了规避这个不良结果，需要积极地推出施工质量管理制度，落实施工安全质量责任制，让安全和质量能够落实到具体每个人的头上。而作为管理者控制施工质量需要从两方面入手，第一要控制原材料，第二要控制施工技术。从主客观上对建筑品质进行把控。首先要严格要求采购部门，按照要求采购原材料以及设备和管线，所有原材料必须在施工工地实验室进行实验，满足标准才能进入施工阶段。而控制施工技术的前提是，需要管理者及早介入图纸设计阶段，能够明确各部分技术要求，然后进行正确彻底的技术交底。最重要的是，在这个过程中，项目经理、工程监理能够就工程实际情况提出更好的设计方案，让设计人员的设计图纸更接近客观现实，避免之后施工环节出现变更。为了保证技术标准得到执行，管理人员要在施工过程中对各分项工程进行质量监测，严格要求各个工种按照施工技术施工，否则坚决返工，并给予严厉处罚。鉴于工程复杂技术繁复，笔者建议管理者成立质量安全巡查小组，以表格形式对完成或者在建的工程进行检查。

（二）智能化设备检查

综合体建筑的智能性是智能化设备赋予的，这个道理作为管理人员必须要明晰，如此才能对原材料以及智能化设备同等看待，采用严格的审核方式进行检查，杜绝不合格产品进入工程。智能化设备是实现综合建筑体的消防水泵、监控探头、停车数控、楼宇自控、音乐设备、广播设备、水电气三表远传设备、有线电视以及接收设备、音视频设备、无线对讲设备等等。另外，还有将各设备连接起来的综合布线所需的配线架、连接器、插座、插头以及适配器等等。当然控制这些设备的还有计算机。这些都列在智能化设备范畴之内。它们的质量直接关系到了综合体建筑集成以及智能水平。具体检查要依据设备出厂说明，参考其提供的参数进行调试，以智能化设备检查表一个个来进行功能和质量检查，确保所有智能化设备功能正常。

（三）建筑系统的设计检查

施工之前对设计图纸进行检查，是保证施工效果的关键。对于综合体建筑智能化施工管理来说，除了要具体把握设计图纸，寻找其和实际施工环境的矛盾点，同时也要检查综合体建筑各部分主体和智能化设备所需预留管线是否科学合理。总而言之，建筑系统的设计检查是非常复杂的，是确保综合体建筑商业、民居、体育活动、购物等功能发挥的基础。需要工程监理、项目经理、各系统施工管理、技术人员集体参加，对工程设计图纸进行会审，以便于对设计进行优化，或者发现设计问题及时调整。首先要分辨出各个建筑功能板块，然后针对监控、消防、三气、音乐广播、楼宇自控等一一区分并捋清管线，防止管线彼此影响，并一一标注方便在施工中分辨管线，避免管线复杂带来的混杂。

（四）监控系统检测

综合体建筑涉及了民居、商业、停车场等建筑体，需要严密的监控系统来保证环境处在安保以及公安系统的监控之下。为了保证其符合工程要求，需要对其进行系统检测。在具体检测中要对系统的实用性进行检测，即检查监控系统的清晰度、存储量、存储周期等等。确保系统具有极高的可靠性，一旦发生失窃等案例，能够通过存储的视频来寻找线索，方便总台进行监控，为公安提供详细的破案信息。不仅如此，系统还要具有扩展性，就是系统升级方便，和其他设备能有效兼容。最终要求系统设备性价比高，即用最少的价格实现最多的功能和性能。同时售后方便，系统操作简单，方便安保人员操作和维护。

三、综合体建筑智能化施工管理难点

综合体建筑本身就比较复杂，对其进行智能化施工，使得管理难度直线上升。其中主要的管理难点是因为涉及空调、暖气、通风、消防、水电气、电梯、监控等等管道以及设备安装，施工技术变得极为复杂，而且有的安全是几个部门同时进行，容易发生管理上的混乱。

（一）施工技术较为复杂

比如空调、暖气和通风属于暖通工程，电话、消防、计算机等则是弱电工程，电梯则是强电工程，另外还有综合布线工程等等，这些都涉及了不同的施工技术。正因为如此给施工管理造成了一定的影响。目前为了提升施工管理效果需要管理者具有弱电、强电、暖通等施工经验。这也注定了管理人才成为实现高水平管理的关键。

（二）难以协调各行施工

首先主体建筑工程和管线安装之间就存在矛盾。像综合体建筑必须要在建筑施工过程中就要预留管线管道，这个工作需要工程管理者来进行具体沟通。这个是保证智能化设备和建筑主体融合的关键。其次便是对各个工种进行协调，确保工种之间有效对接，降低彼此的影响，确保工程尽快完成。但在实际管理中，经常存在建筑主体和管线之间的矛盾，导致这个结果的是因为沟通没有到位，是因为项目经理、工程监理没有积极地参与到设计图纸环节，使得设计图纸和实际施工环境不符，造成施工变更，增加施工成本。另外，在综合布线环节就非常容易出现问题，管线混乱缺乏标注，管线连接错误，导致设备不灵。

四、综合体建筑智能化施工管理优化

优化综合体建筑智能化施工管理，就要对影响施工管理效果的技术以及管理形式进行调整，实现各部门以施工图纸为基础有条不紊展开施工的局面，提升施工速度确保施工质量，实现综合体建筑预期功能作用。

（一）划分技术领域

综合性建筑智能化施工管理非常繁复，暖通工程、强电工程、弱电工程、管线工程等等，每个都涉及不同技术标准，而且有的安装工程涉及设备安装、电焊操作、设备调试，要进行不同技术的施工，给管理造成非常大影响。为了提高管理效果，就必须先将每个工程进行规划，计算出所需工种从而进行科学调配，如此也方便施工技术的融入和监测。比如暖通工程中央空调安装需要安装人员、电焊人员、电工等，管理者就必须进行调配，保证形成对应的操作团队，同时进行技术交底，确保安装人员、焊工以及电工各自执行自己的技术标准，同时还能够彼此配合高效工作。

（二）建立完善的管理制度

制度是保证秩序的关键。在综合体建筑智能化施工管理当中，首先需要建立的制度就是《工程质量管理制度》，对各个工种各个部门进行严格要求，明确原材料和施工技术对工程质量的重要性，从而提升全员质量意识，对每一部分工程质量建立质量责任制，出现责任有人负责。其次是《安全管理制度》，对施工安全进行管制，制定具体的安全细则，确保工人安全操作，避免安全事故的发生。其中可以贯彻全员安全生产责任制，对每个岗位的安全落实到人头。再次，制定《各部门施工管理制度》对隐蔽工程进行明确规定，必须工程监理以及项目经理共同确认下才能产生交接，避免工程漏项。

（三）保证综合体内各方面的施工协调

综合体内各方面施工协调，主要使得是综合体涉及的十几个系统工程的协调，主要涉及的是人和物的调配。要对高空作业、低空作业、电焊、强电、弱电等进行特别关注，防止彼此间互相影响导致施工事故。特别是要和强电、弱电部门积极沟通，确保电梯、电话等安装顺利进行，避免沟通不畅导致的电伤之类的事故。

综合体建筑智能化施工管理因为建筑本身以及智能化特点注定其具有复杂性，实现其高水平管理，首先要认识到具体影响管理水平的因素，比如技术和信息沟通等因素，形成良好的技术交底和管理流程。为了确保工程能够在有效管理下展开，还需要制定一系列制度，发挥其约束作用，避免施工人员擅自改变技术或者不听从管理造成施工事故。

第七节　建筑智能化系统工程施工项目管理

建筑智能化系统工程是一种建筑工程项目中的新型专业，具有一般施工项目的共同性。但对施工人员的要求更高，施工工艺更加复杂，需要各个专业的紧密配合，是一种技术密集型、投资大、工期长、建设内容多的建筑工程。该工程的项目管理需要全方面规划、组织和协调控制，具有鲜明的管理目的性，具有全面性、科学性和系统性管理的要求。

一、建筑智能化系统和项目管理

（一）智能建筑和建筑智能化系统

智能化建筑指的是以建筑为平台，将各种工程、建筑设备和服务整合并优化组合，实现建筑设备自动化、办公自动化和通信自动化，不但可以提高建筑的利用率，而且智能化的建筑也提高了建筑本身的安全性能、舒服性，在人性化设计上也有一定的作用。近年来，随着智能化建筑设计和施工的完善和发展，现阶段智能化建筑开始将计算机技术、数字技术、网络技术和通信技术等和现代施工技术结合起来，实现建筑的信息化、网络化和数字化，从而使建筑内的信息资源得到最大限度的整合利用，为建筑用户提供准确的信息收集和处理服务。此外，智能化建筑和艺术结合，不仅完善了建筑的功能，而且使得建筑更加具有美观性和审美价值。

建筑智能化系统是在物联网技术的基础上发展起来的，通过信息技术将建筑内的各种电气设备、门窗、燃气和安全防控系统等连接，然后运用计算机智能系统对整个建筑进行智能化控制。建筑智能化具体表现在：实现建筑内部各种仪表设施的智能化，比如水表、电表和燃气表等；利用计算机智能系统对所有的智能设备进行系统化控制，对建筑安全防控系统，比如视频监控系统、防火防盗系统等进行智能化控制，能够利用计算机中央控制系统实现对这些系统的自动化控制，自动发现火情、自动报警、自动消火处理；对建筑内的各种系统问题还能通过安装在电气设备中的智能联网监测设备及时发现和处理，保证建筑内的安防监控系统顺利运行。

（二）项目管理概述

项目管理包括对整个工程项目的规划、组织、控制和协调。其特点包括如下：项目管理是全过程、全方位的管理，也就是从建设项目的设计阶段开始一直到竣工、运营维护都包含项目监督管理；项目管理只针对该建设工程的管理，具有明确的管理目标，从系统工程的角度进行整体性的，科学有序的管理。

二、建筑智能化系统工程的项目特点

虽然智能建筑中关于建筑智能化系统工程的投资比重均不相同，主要是和项目的总投资额度和使用功能以及建设的标准有关，但是基本上智能化系统的投资比重都在20%以上，说明智能化系统建设的投资较大。智能化系统工程的施工工期很长，大概占据整个智能建筑建设工期的一半时间。此外，智能化系统施工项目众多，包括各种设备的建设和布线工作，还包括各个子系统的竣工调试和中央控制系统的安装等。

三、建筑智能化系统工程项目管理中存在的问题

（一）建筑智能化系统方面的人才问题

一方面我国建筑智能化系统工程起步比较晚，另一方面该领域的工程施工却发展迅速，由于对智能化建筑需求的增多，使得建筑智能化系统工程项目的数量越来越多，规模越来越大。然而，针对建筑智能化系统方面的人才，无论是在数量上还是在质量上都相当欠缺，存在很大的人才缺口，使得现阶段的人才无法满足建筑智能化系统工程施工管理的要求。同时，部分建筑开发商对建筑智能化系统工程不熟悉，所以并不十分重视这方面人才的培养以及先进设备技术的引进，导致建筑智能化系统领域的专业化人才非常不足。此外，在建筑智能化系统工程施工中有些单位重视建造而忽略管理，所以企业内部缺乏相应的建筑智能化系统领域的专业管理人才，从而无法开展有效的监督管理工作。设计人员设计出的智能化建筑施工图纸并不符合先进科学和人性化的要求，这样就极大地影响了工程的施工，也使得企业的竞争力丢失，不利于企业的可持续发展。

（二）缺乏详实的设计计划

在对建筑智能化系统工程施工设计中，往往存在缺乏详实的设计计划、设计规划不符合实际情况、设计无法有效执行等情况。这主要是因为在开工之前没有对现场开展有效的实地勘察工作，没有从系统建设的角度去制定计划，所以在设计施工图纸上会出现和施工现场不符，计划缺乏系统性和完整性的问题。另外，与设计监管的力度不够有关，如果在设计阶段没有对施工方案和设计图纸进行有效的监督管理，整个设计计划便可能存在不合理因素，从而导致建筑智能化系统设计也只能是停留在设计阶段，建筑智能化施工无法正常开展。

（三）施工中不重视智能化系统的施工

要想真正实现建筑的智能化，在建筑智能化系统施工中除了要加强建筑设备施工，保证建筑设备实行自动化以外，还要使得各项设备能够联系到一起，构建建筑内的系统信息平台，从而才能为用户提供便利的信息处理服务。但是在现阶段，对智能化系统的施工并没有真正重视起来，也就是在施工中重视硬件设备施工而轻视软件部分。如果软件部分出

现问题，智能化系统就无法为建筑设备的联合运行提供服务，也就无法实现真正的建筑智能化。

（四）重建设轻管理

建筑智能化系统工程不论是硬件设备的施工还是系统软件的施工，除了要加强施工建设安全管理和质量控制外，还应该加强对智能化系统的运营维护。然而目前在建筑智能化系统建设完成后，对其中系统的相关部件却缺少相应的监督管理，从而无法及时发现建筑设备或软件系统在运行中出现的问题，导致建筑智能化没有发挥其应有的作用，失去了建筑智能化的实际意义。此外，即使是在建筑智能化系统建设的管理上，由于缺乏完善的管理制度和管理措施，加上部分管理人员安全意识薄弱，在工作中责任意识不强，所以还未完全实现对建筑智能化系统的统一管理。建筑内部的消防系统、监控系统等安全防控系统没有形成一个统一的整体。

四、加强建筑智能化系统工程施工管理的措施

（一）加强设计阶段的审核管理

在建筑智能化系统工程的设计阶段，必须要站在宏观的角度对设计施工计划做好严格的审核管理，避免由于计划缺乏完整性和实效性而影响后期的施工与管理。需要监管部门做好智能系统的仿真计算，保证系统可以正常运行，有利于建筑智能化系统的施工；在施工计划制定前要加强现场勘察，做好技术交底工作，对施工计划和施工设计图纸进行审核检查，及时发现其中存在着的和工程实际不相符合的地方；对设计的完整性进行检查，保证设计可以有效落实。

（二）加强建设施工和管理

在施工中要对现场施工的人员、建设物料等进行监督管理，严禁不合格的设备或材料进入施工现场，禁止无关人员进入现场，要求施工人员必须严格按照施工规章制度开展作业。此外，要同时重视后期的管理，一方面要不断完善安全管理制度，为人员施工提供安全保障体系；另一方面要对建筑智能化系统进行全面检查维护，对于出现问题的设备或者线路必须要进行更换或者修改，保证建筑智能化系统可以安全稳定地运行。

（三）提高对软件系统施工的重视程度

在施工中除了要对建筑设备进行建设和管理外，同时也要提高建筑智能化系统软件部分的施工建设和管理力度。通过软件系统的完善，使得建筑内部的各项设备联结起来，实现智能建筑内各个系统的有效整合和优化组合，这样便能通过计算机系统的中央控制系统对建筑智能系统进行集中统一的调控。

（四）吸收、培养建筑智能化领域的高素质专业人才

由于当前我国在建筑智能化领域的专业人才十分缺乏，所以建设单位应该要重视对该领域高素质专业人才的吸收和培养。如可以和学校、培训机构进行合作，开设建筑智能化领域的课程，可以培养一批建筑智能化系统方面的高素质专业人员，极大地缓解我国在这方面的专业人才缺口问题。此外，建设单位自身也应该加强对内部员工的培训管理，比如通过定期的专业培训全方面提升管理人员对于建筑智能化系统施工的管理能力，提高其管理意识和安全防范意识。在施工之前可以组织专业人员对施工图纸进行讨论和完善，从而设计出符合工程实际的图纸，从而提高企业自身的竞争优势，促进企业发展奠定基础，促进整个建筑智能化系统的发展。

随着智能建筑的快速发展，建立高效的建筑智能系统的需求越来越多。为了建立完善的建筑智能化系统，在该工程施工中就需要围绕设计阶段、施工阶段和管理维护阶段展开，对建筑智能化系统的功能进行优化，并和自动化控制技术一起构建舒适的、人性化的、便利的智能化建筑。只有建筑智能化系统施工质量和管理水平得到提升，智能化建筑的功能才会越来越完善，从而为提高人们生活水平，保障建筑安全，促进社会稳定做出贡献。

第八节　建筑装饰装修施工管理智能化

建筑装饰装修施工涉及多方面问题，如管道线路走向、预埋等，涵盖了多个专业领域的内容。在实际施工阶段，需要有效应对各个环节的内容，让各个专业相互配合、协调发展，依据相关标准开展施工。智能化施工管理具有诸多优势，但也存在不足之处，作为施工管理的发展趋势，必须予以重视，对建筑装饰装修施工管理智能化进行分析和研究。

一、建筑装饰装修施工管理智能化的优势

（一）实现智能化信息管理

在当今社会经济发展形势下，建筑工程管理策略将更加智能化，逐步发展成为管理架构中的关键部分，有利于增进各部门的交流合作，实现协调配合。为了实现信息管理的相关要求，落实前期制定的信息管理目标，管理人员需利用智能化技术，科学划分和编排相关信息数据，明确信息管理中的不足，妥善储存相关文件资料，并利用对资料进行编码以及建立电子档案的方式，优化信息管理方式，推进信息管理智能化。

（二）落实智能化管理制度

要想实现管理制度智能化，必须科学运用各种信息平台及智能化技术，以切实提升建筑工程管理质量，构建健全完善的智能化管理体系，让各项工作得以有序开展。通过智能

化管理平台及数据库,建筑工程管理层能够运用管理平台,有效监督管理各个部门的运行情况,确保各项工作严格依据施工方案开展,从而保障整体施工质量及进度。在开展集中管理时,管理层可以为整理和存储有关施工资料设置专门的部门,为开展后续工作提供参考依据。

(三)贯彻智能化施工现场管理

在现场施工管理环节,相关工作人员要基于前期规划制定施工管理制度,以施工制度为基准划分各个职工的职责及权限。建筑工程涉及多个部门,各部门需分工明确,以施工程序为基准,增进各部门的合作。施工人员需注重提升自身专业素养及工作能力,依据施工现场管理的规定,学习各种智能化技术,积极参与到教育培训活动之中,能够在日常工作中熟练操作智能化技术。

二、建筑装饰装修施工管理的智能化应用

在建筑装饰装修施工管理环节,合理运用智能化技术,符合当前社会经济发展形势,能够优化建筑工程体系科学化管理,充分发挥新技术的优势及价值。

(一)装饰空间结构数字化调解

1.关于施工资源管理

纵观智能化技术在建筑装饰装修施工管理的实际运用,能够提升施工管理效率及质量,具有诸多优势。在装饰空间结构方面,相关工作人员能够凭借大量数据资源,对装饰空间结构进行数字化调解。而传统建筑装饰装修方式,依据施工区域开展定位界定。依据智能化数据开展定位分析,能够立足于空间装饰,科学调整装饰结构,以区域性规划为基础,进行逆向装饰空间定位工作。施工人员能够根据建筑装饰装修的现实要求,开展装饰施工技术定位,依据施工区域,准确选择相应的施工流程及方式,能够有效降低施工材料损耗,削减空间施工成本,让智能化装饰空间实现综合调配。

2.关于施工空间管理

建筑装饰装修施工涉及多方面要素,其中最为主要的便是水、电、暖的供应问题。因此,在建筑装饰装修施工环节,施工管理工作必须包含相关要素,让相关问题得到妥善解决。在建筑装饰装修施工管理环节,合理运用智能化技术,能够凭借虚拟智能程序的优势,对建筑装饰装修情况进行模拟演示,将施工设计立体化和形象化,让施工管理人员能够更为直接的分析和发现施工设计中的不合理区域,从而及时修改和调整,再指导现场施工。此种智能化施工管理模式运用到了智能化技术,能够依据实际情况,科学调整建筑工程施工环节,将智能化技术运用到建筑空间规划之中,显示了装饰空间结构数字化管理。

（二）装饰要素的科学性关联

在建筑装饰装修施工环节，科学运用智能化技术，能够展现空间装饰要素的科学性关联。

（1）关于动态化施工管理。在建筑装饰装修分析环节，智能化技术在其中的合理运用，能够构建现代化分析模型，基于动态化数据信息制定相关对策。施工管理人员能够依据建筑装饰装修的设计方案，对装饰要素进行分布性定位，将配套适宜的颜色、图样等要素运用到建筑装饰装修之中。例如，若甲建筑的室内装修风格定位现代简约风，施工管理人员在分析建筑结构时，能够凭借智能化技术手段，结合大量现代简约风的装修效果图，完成室内色系的运用搭配，并为提升空间拓展性提供可行性建议，为实际装修施工提供指导和建议。通过借助智能化数据库资源的优势，相关工作人员能够综合分析室内空间装修要素，优化施工管理方式，在建筑装饰装修环节，让室内空间得到充分利用和合理开发，切实提升建筑装饰装修质量及品质，切合业主的装修要求，对装饰装修结构实现体系性规划。

（2）关于区域智能定位管理智能化技术在建筑装饰装修施工管理的多个环节得到合理运用，如全面整合装修资源结构环节，能够构成体系规划，从而完善装修施工管理环节。在对建筑装饰装修格局开展空间定位工作时，通过采用智能化检测仪器，能够对装饰空间进行检验，并全面分析空间装饰环境的装修情况，从而进行区位性处理，让现代化资源实现科学调整。

（三）优化装饰环节的整合分析

就建筑装饰装修施工管理智能化而言，建筑装饰环节的资源整合便是其中代表。在建筑装饰装修工程中，施工管理人员可以借助智能化平台，运用远程监控、数字跟踪记录等手段，开展施工管理。施工监管人员能够利用远程监控平台，随时随地贯彻建筑装饰装修的实际施工状况，并开展跟踪处理。各组操作人员能够基于目前建筑装饰装修施工进度及实际情况，全方位规划建筑装饰装修施工。与此同时，施工管理人员可以将自动化程序合理运用到装修装饰阶段，探究动态化数字管理模式的实际运行情况，从而科学合理的规划数字化结构，实现各方资源合理配置，确保建筑装饰装修的各个环节得以科学有效地整合起来。除此之外，在建筑装饰装修施工管理中合理运用智能化技术，能够基于智能化素质分析技术，对工程施工质量开展动态监测，一旦发现建筑装饰装修施工环节存在质量问题，智能化监测平台能够将信息及时反馈给施工管理人员，让施工管理人员能够迅速制定可行性对策，有效调解施工结构中的缺陷。

（四）智能化跟踪监管方式的协调运用

在建筑装饰装修施工管理中，智能化跟踪监管方式的协调运用也是智能化的重要体现。施工人员能够运用智能动态跟踪管理方式和系统结构开展综合处理。施工管理人员既能够核查和检验建筑装饰装修的实际施工成果，还能够通过分析动态跟踪视频记录，评价各个施工人员的施工能力及专业技术运用情况，并能够基于实际施工情况，利用现代化技术手段，对施工人员进行在线指导。

建筑装饰装修施工管理智能化，符合当今社会经济发展形势，是数字化技术在建筑领域的合理运用，能够彰显智能化技术的优势及作用，能够实现装饰空间结构数字化调整，明确装饰要素的科学性关联，全方位把握建筑装饰装修的各个环节，及合理运用智能化跟踪监测方式进行协调和调解。为此，分析建筑装饰装修施工管理智能化，符合现代建筑施工发展趋势，有利于促进施工技术提升和创新，推动我国建筑行业发展。

第九节　大数据时代智能建筑工程的施工

智能建筑的概念最早起源于20世纪80年代，它不仅给人们提供了更加便捷化的生活居住环境。同时还有效地降低了居住对于能源的消耗，因而成了建筑行业发展的标杆。但事实上，智能建筑作为一种新型的科技化的建筑模式，无疑在施工过程中会存在很多的问题，而本节就是针对于此进行方案讨论的。

智能建筑是建筑施工在经济和科技的共同作用下的产物，它不仅给人们提供舒适的环境，同时也给使用者带来了较为便利的使用体验。尤其是以办公作为首要用途的智能化建筑工程，它内部涵盖了大量的快捷化的办公设备，能够帮助建筑使用者更加快捷便利的收发各种信息，从而有效地改善了传统的工作模式，进而提升了企业运营的经济效益。智能建筑施工建设相对简单，但是如何促进智能化建筑发挥其最大的优势和效用。这就需要引入第三方的检测人员给予智能化建筑对应的认证。并在认证前期对智能建筑设计的技术使用情况进行检测，从而确保其真正能够满足使用性能。但是目前所使用的评判标准和相关技术还存在着一定的缺陷，无法确保智能建筑的正常使用，因而制约了智能建筑的进一步发展。

智能建筑在建设阶段，其所有智能化的设计都需要依托数据信息化的发展水平。它能够有效的确保建筑中水电、供热、照明等设施的正常运转。也可以确保建筑内外信息的交流通畅，同时还能够满足信息共享的需求。通过智能化的应用，能够帮助物业更好地服务于业主。同时也能够建立更好的设备运维服务计划，从而有效的减少了对人力资源的需求。换言之，智能化的建筑不仅确保了业主使用的舒适性和安全性，同时还有效地节省了各项资源。

一、智能化建筑在大数据信息时代的建设中的问题

（一）材料选择问题

数据信息化的建设，需要依托弱电网络的建设，而如果选用了不合格的产品，就会对

整个智能化的建设带了巨大的影响。甚至导致整个智能化网络的运行瘫痪。因此，在材料选择和设备购买前需要依据其检测数据和相关说明材料进行甄别，对缺少合格证书或是相关说明资料的材料一律不允许进入到施工工地中。当然在材料选择过程中还应当注意设备的配套问题，如果设备之间不配套，也会导致无法进行组装的情况，这些问题均会给建筑施工带来较大的隐患。

（二）设计图纸的问题

设计图纸，是表现建筑物设计风格以及对内部设备进行合理安排的全面体现。而现阶段智能化建筑施工工程的最大问题就表现在图纸设计上。例如，工程建设与弱电工程设计不一致，导致弱电通道不完善，无法正常的开展弱电网络铺设。同时，还有一些建筑的弱电预留通道与实际的标准设计要求不一致等。举例说明，建筑施工工程在施工过程中如果忽视了多弱电或是其他设施的安装的考虑。则会导致在设备安装过程中存在偏差，从而无法达到设备所具有的实际作用。此外，智能化的建筑施工图纸还会将火警自动报警、电话等系统进行区分，以便于能够更好地展开智能化的控制。

（三）组织方面的问题

智能化的建筑施工工程相对传统的施工工艺来说更为复杂，因而需要科学、合理的施工安排，对各个环节、项目的施工时间、施工内容进行合理的管控。如果无法满足这些要求，则会严重影响到工程开展的进度和工程质量。同时，如果在施工前期没有对施工中可能存在的问题进行把控，则可能会导致施工方案无法顺利开展或落实。当然，在具体施工过程中，如果项目内容之间分工过于细致，也会导致部门之间无法协调，进而影响到整个工程施工建设的进度，使得各个线路之间的配合出现问题，最终影响工程施工质量。

（四）承包单位资质

智能化施工建设工程除了要求施工单位具备一定的建筑施工资质外还应当具有相关弱电施工的资质内容。如果工程施工单位的资质与其承接项目的资质内容不相符，必然会影响到建筑工程的质量。此外，即便有些单位具备资质，但也缺少智能化的施工建筑技术和工艺，对信息化建筑工程的管理不够全面和完善，导致在施工中出现管理混乱，流程不规范的问题。

二、智能化建筑在大数据时代背景下的施工策略

（一）强化对施工材料的监管和设备的维护

任何一种建筑模式，其最终还是以建筑施工工程作为根本。因而具备建筑施工所具有的一切的要素，包括建筑材料、设备的质量。除了对工程建设施工的材料和设备的检验外，还需要注意在信息化建设施工中所用到的弱电网络化建设的基本材料的型号要求和标准。

确保其所用到的材料都符合设计要求，同时还应当检查各个接口是否合格。检查完毕后还应当出具检测报告并进行保管封存。

（二）强化对设计图纸的审核

为了确保智能化建筑工程施工的顺利开展，保障施工建设的工程质量。在施工前期就需要对施工图纸做好对应的审查工作。除了基本建筑施工的一些要求外，重点需要注意在弱电工程设计中的相关内容和实施方案。结合实际施工情况，就在施工过程中的管道的预留、安装、设备的固定等方面的内容进行针对性的探讨，以确保后期弱电施工过程中能够顺利地进行搭建和贯通。

（三）施工组织

智能化工程建设基本上是分为两个阶段的，第一个阶段就是传统的建筑施工内容，而第二个阶段则是以弱电工程为主要内容的施工。两者相互独立又紧密联系，在前一阶段施工中必须考虑到后期弱电施工的布局安排。而在后一阶段施工时还应当有效地利用建筑的特点结合弱电将建筑的功能更好地提升。因此这是一个相对较为复杂的工程项目，在开展施工的过程中，各个部门、单位之间应该做好有效的配合，确保工程施工在保障安全的情况下顺利地开展，以确保施工进度和施工质量。

大数据时代发展背景下，人们对于数据信息化的需求程度越来越高。而智能建筑的发展也正是为响应这一发展需求而存在的。为了更好地确保智能建筑工程的施工质量，完善各项设备设施的使用。在施工过程中应当加强对施工原料、施工图纸以及施工项目安排、管理之间的协调工作。只有如此，才能够有效地提升智能化施工的施工质量和施工进度。

第六章 建筑工程装饰装修技术

第一节 建筑工程装饰装修质量通病

社会经济水平的不断提升，人们对住的要求也越来越高，建筑工程的装修质量是人们在购房装修时关注的焦点。建筑工程装饰装修的质量对住房的美观度、舒适度产生较大的影响，在施工过程中有必要采取一定的措施对建筑工程的装饰装修质量进行控制。本节就建筑工程装饰装修中出现的质量通病，研究如何解决这一问题，从而提升装修的质量。

前言：城市化进程的加快使得越来越多的人涌入城市，也伴随着大量的购房和装修的需求，房屋的装修质量影响到业主居住环境的舒适度和房屋设计的美观度，因此很多业主都非常关注装修的质量。然而在实际的装饰装修施工过程中，装修设计与实际的装修施工质量具有一定的差距，建筑工程装饰装修的过程受到多方面因素的影响，存在多种通病和问题，影响房屋装饰装修质量，不利于居住环境的改善，因此对建筑工程装饰装修的质量控制很有必要，本节研究了装饰装修施工中常见的弊病，并提出了针对性的解决措施和防御办法。

一、建筑施工内墙装饰的质量问题

内墙净料装饰装修存在多方面的质量问题，下面就常见的质量问题展开论述：

涂料质量问题使涂抹发花、颜色不均匀。由于涂料本身的质量原因，在使用中颜料的密度相差过大，使密度小的颜料漂浮在涂层的上方，而密度大的颜料颗粒沉淀在下方，颜色出现了分离从而产生了一定的浮色。涂料中颜料分散不均匀也容易使颜色发花，从而造成条纹色差的产生。施工的技术也对涂抹的表层具有一定的影响，如涂刷不均匀使墙面涂抹的厚薄度不均匀，在涂刷时容易产生条纹色差。另外，在涂料配料时由于颜料与基料的比例不适合，导致墙面的颜色不均匀。

内墙砖粘贴饰面出现开裂、脱落和起皮。导致这一现象出现的原因有涂料勾兑比例不合理、涂料质量过差、基底层不洁净含有污垢、基地的腻子质量差，另外基地层过于光滑使涂层的附着力不够、二道保护层上的时机不成熟，使内墙砖粘贴的饰面不稳定，粘贴难度高且容易脱落。

二、建筑工程的内墙饰面砖施工

内墙饰面砖工程施工首先要掌握实际内墙饰面砖的类型，内墙饰面主要包括石材饰面板、金属饰面板和面砖等，砖类饰面分为陶瓷面砖包括釉面此状、陶瓷锦砖等饰面砖，可以对饰面进行装修设计，从而满足墙面的设计需求。内墙饰面的目标是美观、高效、经济、实惠，特别是建筑物中的厨房墙砖、卫生间墙等实行高效的设计和排版调整。在施工的过程中要注意瓷砖中心的对应，在设计的过程中要实现对施工的尺寸做好测量，这样就能够建立样板房，从而有利于地砖砖缝线以及样板房的建设，确定了作业的排班以后，实现墙面的平整、洁净和色泽一致，在墙面瓷砖的接缝处应确定好排版，使工程建设质量满足实际内墙饰面建设的需求。

内墙饰面砖的施工流程为基层清理—吊垂直、套方、找规矩、贴灰饼—打底灰抹找平层—排砖—分隔、弹线—浸钻—粘贴饰面砖—勾缝与擦缝—清理表面。在内墙饰面砖施工时要从基层清理开始将整个饰面砖施工流程质量落实到位，其中基层清理指的是将混凝土基层中的墙面突出部分整平。

三、建筑工程铝合金外墙质量问题

渗漏是建筑工程铝合金外墙常见的弊病，而导致这一现象的主要原因是土建施工和安装施工的细节不到位，相互之间的配合程度过低而导致建筑工程出现质量问题的。铝合金外墙常见的质量问题表现有：第一，土建施工存在多方面的漏洞。（1）施工未按照设计要求进行，安装中常常出现尺寸的偏差，使得最终的装修效果不能满意。（2）混凝土的质量较差，在装修的过程中经常出现开裂的现象。（3）施工人员的技术不娴熟。（4）对施工现场的监督力度不够。（5）混凝土浇筑以后养护的时间和力度不达标。

第二，铝合金安装的问题。（1）铝合金材料的质量不到标，如刚度、厚度不够等。（2）安装技术不到位，铝合金外墙中的缝隙没有很好的填充。（3）铝合金加工的质量不合格，存有不平整和不合格的装修质量。（4）安装人员技术水平较低。（5）安装现场管理和监督不到位使得质量得不到控制。

第三，结果硅酮胶质量差异使得铝合金外墙出现严重的渗漏现象。由于受到利益的驱使，建筑市场上的硅酮胶质量的水平差异较大，硅酮胶的选择也比较困难，一旦选用了质量差的硅酮胶质量，那么就会对墙面产生渗漏等问题。

第四，施工现场中的土建与铝合金安装的配合度较低，二者的衔接度差使得工程的质量问题频频出现，土建与铝合金安装不协调给建筑的安全程度带来了潜在的威胁，使房屋的安全程度降低。

四、建筑工程装饰质量通病的防治

建筑工程装饰装修中的质量问题影响建筑物的美观、耐用性和舒适度，建筑物在实际设计中要对上述的质量问题进行认识和防治。

（一）加强建筑工程装饰装修设计

装饰装修实际是建筑师的本质和关键，在施工装装饰装修的过程中要重视设计的质量关卡，建筑工程装饰装修要想提高本身的质量，首先要完善设计的内容，加强对设计的设置，如设计中的每一个环节、步骤和工序以及材料、技术要求等，在实际的建筑应用中能够起到发挥本身的优势。

（二）内墙施工队伍的选择

内墙饰面的质量与建筑空间居住的舒适度有很大的关系，而内墙饰面施工质量的主要控制要素是人力，建设一直施工技能水平娴熟、有序、遵守规定、高效的施工队伍，对于装修质量水平的提升具有重要的作用。在一项工程建设立项批准以后，就要经过必要的招投标或议标来选择相应的施工队伍，选择的标准要看观察施工队伍所介绍的技术力量、设备和资金的状况以及后续拟承担的施工措施。另外，要查询施工单位的设备、技术力量、企业等级和资格证书是否合格；施工队伍已经竣工交付使用的项目的施工质量和现场管理情况；走访已经交付工程的甲方，了解施工单位的信誉，最终施工队伍的选择应根据合理的标价、工期短、施工质量优和信誉高、素质好的指标来选择施工的队伍。

（三）装饰装修现场的管理

施工现场的监督与管理有利于对装修的质量进行监控，具体的管理水平可以就这几个方面展开。

首先，项目经济负责制度。对施工现场的直接管理是装修管理的重要环节，拥有一个业务能力强且管理水平高的项目经理会发挥更大的作用。项目经理的资质是应经过国家等级的培训，在建筑工程项目考试合格且拿到经理证书的人员，具有熟练的管理知识和管理能力，可以对施工现场进行很好的把握。

其次，施工质量管理的现场管理应设定质量检验员。质量检验员的作用是对施工现场的质量进行检验，在根据标准监测、坚持原则、严格审查的前提下，要对施工现场出现的各个工序进行严格的审查，确保每一项施工工序的质量符合技术标准，从而保证装修的质量。

再次，加强施工装饰现场的监督管理。施工装饰装修现场施工是一个较为复杂的过程，该过程对质量的要求很高，为了防止施工人员怀有偷懒的心理，应加强对施工现场的监督与管理。监督的内容主要是交给工程监理公司来完成，借助专业的监理人员对施工现场实施有效的管理和沟通，最终能够实现工程验收合格的目的。

最后，是装饰装修工程的验收管理。验收是装修施工完成的最后一道工序，验收的管理内容是施工企业的自查验收，通过科学高效的验收过程，从中发现不合理的施工质量问题，从而做最后的更改，从多方面确保施工质量水平的提升。验收的内容包括了施工材料、内外墙体的装修状况等，在发现问题以后应采取及时有效的修正措施。

建筑工程的装饰装修应重视质量的提升，把握好施工过程中的每一个方面和步骤，实现科学合理有序的施工步骤以及对现场严格管控质量的模式，这样有利于装修工程质量水平的提升，保证建筑的质量效果。对建筑装饰装修中存在的通病进行分析并针对性的解决存在的问题，不断的完善建筑工程中的装饰装修质量，实现更佳的装修效果。

第二节 建筑工程装饰装修设计问题

主要从当前我国建筑装饰装修设计过程中存在问题展开了系统性的剖析，进而对建筑工程装饰装修设计过程中应当遵循的原则做了说明，最后针对当前存在问题提出了几点措施，以便更好地处理好当今装饰装修设计过程中常见问题，进而给人创设出温馨、舒适、轻松的居住环境。

一、试析当前我国建筑装饰装修设计过程中存在问题

室内空间利用缺乏合理性。就目前来讲，我国普通居民住宅通常只有2.6米的净高，另外，还有相关研究资料显示，这个高度会使人具有压抑感，甚至可以说已经超过了人类心理承受能力人限值。但随着社会和城市化进程的不断发展，越来越多青年人更青睐于小面积住宅。同时他们在进行装饰装修设计过程中还会设置相应的墙裙和吊顶等，这种设计在一定程度上会使户型显得比较紧凑，在这种环境下居住就极易使人产生压抑，长此以往还会对人们身心健康受到影响。

在通风、采光方面不足。在现如今的装修设计过程中常常会使用密封性比较好的门窗或是有色玻璃，这样一来就对室内采光及通风方面造成一定的影响，致使在装修完成后室内光线较差，日照不够以及通风不顺畅等问题出现。另外，现今的装饰材料很多都是由人工合成的，其中含有大量有害物质，这种设计方式并不利于有害物质的排放，进而对人们身体健康造成一定影响。

欠缺节能意识。节能设计通常客户在前期是看不到的，客户更是感受不到，同时设计人员对这方面要求往往也不够重视，对于节能设计方面的认识和技术了解并不多，这样一来就会导致在进行装饰装修设计过程中的节能理念难以得到有效的应用。

二、试析建筑工程装饰装修设计过程中应当遵循的原则

保证室内装饰装修具有功能性。对建筑物室内装饰装修设计最为主要的目标就了为了更好地使用其各项功能，因此，在进行具体的装修设计时应当切实将其功能性摆在重要的位置，这同时也是建筑室内装饰装修设计中的主要设计思路。根据室内情况的不同也有着各种不同的设计方式，但相同的都是为了更好地满足于建筑室内各项功能的全用，只有这样才能全面确保装饰装修得以充分发其效能。

保证室内装饰装修具有整体性。对于建筑室内装饰装修设计来讲，应当充分体现其室内装修的特点。一般来讲，无论是室内装修还是室外装修都需要在具体设计时具有相对完整的构思，如果建筑物外部相对较为时尚的，可以在其室内装修过程中采用现代化设计；而如果其外部相对复古一些的，可以在其室内装修过程中设计复古风。所以，在对其进行装饰装修设计时应当对这方面的整体性内容也纳入到考量范围内。

保证室内装饰装修具有艺术性。对于建筑物室内装修的艺术性来讲，其主要是应当注重审美性原则，同时具有一定的工艺性。不管是什么样的建筑物，可以说都有其自身的特点，所以，每一个建筑物都有着其不同的审美特点，因此，在进行建筑室内装饰装修设计过程中应当将其室外设计也做适当的考量，这对于建筑室内装修的艺术性具有一定的帮助。需从建筑整体风格方面来做好各细节方面的处理工作，进而对其装饰装修的整体艺术感及审美特点具有一定的帮助。而其工艺特点则需要从其所选用的材料上面去体现。在对室内进行装饰装修设计过程中应当对其主题进行明确，从而有效地保证从始至终都得以向该主题方向发展。

三、试析装饰装修设计的有效措施

对室内空间设计加以重视。在对建筑室内装修进行具体设计前，应当对建筑物整体结构及格式等进行深入研究与分析，从而更好地掌握其自身特点，进而更好地使其室内空间得以充分发挥其功能，同时更好地把握室内装修的功能性和美观性，使其得以有效地契合。当对其室内寒意进行合理规划后，还需对其室内装修进行量多加细致的设计。同时，在进行设计过程中还需对该建筑室内整体结构进行仔细认真的把握，确定好室内装饰装修设计的主题，以便更好地从该建筑室内的功能、整体以及艺术性三大原则进行研究与设计，从而使室内装饰装修设计得以实现最优化。

对室内采光加以重视。对于室内设计来讲，自然环境也是十分重要的因素，因此，在进行具体设计时应当对其室内自然光线进行考量，尽可能地使室内显得更加通透明亮，从而给人一种宽敞明亮的视觉体验，使人们的生活更加温馨与舒适。所以，相关设计人员应当对室内采光问题加以重视，尽可能地科学合理地利用好自然采光，以使建筑室内整体舒适度得到进一步提升，从而更好地满足当今人们对于居住环境的需求，同时也可以充分体现出设计人员的设计水平。

在装修设计过程中融入节能理念。在室内装饰装修中的节能设计是指在室内设计过程中既要保证室内结构、环境能够给人一种温馨舒适的感觉，又要充分体现出节能、环保理念。在现今的节能设计中，通常都是从装修技术方面着手进行的，其综合了房屋、保温隔热、节电、采光以及室内布局等各个方面。在确保建筑室内设计各项功能得以有效发挥的同时，还要实现节能环保目标。在装修设计过程中进行科学合理的对室内空间进行布局，可以使室内采光、通风等得以实现最优化，这样的室内环境也更清爽舒适，同时在还可以减少一定的电能消耗。

综上所述，现今人们生活品质正在不断提升，人们对于各方面的需求也是不断提高，特别是在人们居住环境方面的要求就更高了。人们都向往着宁静、自然，使人们不论是身体还是心灵上都得以有效地放松的良好居住环境。

第三节　建筑工程装饰装修施工的关键技术

我国的建筑领域在近些年来高速发展，取得了不小的成就。而针对建筑工程，其中一项关键性的工作流程就是装饰装修，由于这项流程对整个工程都起到了至关重要的影响，因此，施工企业必须重视装修装饰，来确保整项工程完美收工。本节就如何提高装饰装修技术进行深入探讨。

建筑工程的装饰装修对整个工程最终的使用以及整体感观有着非常明显的影响。随着人们生活水平的提高，人们的审美水平以及情趣爱好都有着非常大的变化，因此，如今的装饰装修在建筑结构、建筑质量以及使用性能各个方面都提高了相当大的层次。因此，追求更高水平的装饰装修对整个建筑行业的良好发展都起着重要作用。

一、针对建筑工程中装修装饰施工的技术要求

对原材料技术的要求。在进行装修装饰工作时，材料的筛选是相当重要的一步工作。如今随着工艺技术的不断发展、建筑类型的不断增加，除了原来的木材、玻璃、陶瓷等传统原材料，塑料高分子等深加工材料也不断应用于建筑装修之中。不同的原材料对技术工艺的要求不一样，同时也有着不同的质量要求，这就需要建筑师根据具体施工的变化合理调整原材料的占比。下面以几种常见的原材料做例子；一、木材，木材相对较脆，不能承担较大的重量，同时由于木材易受潮等特点，所以在使用之前先对其进行性能分析以及针对南方多雨潮湿天气增加防水性等措施；二、石材，由于石材稳定性好，所以多用于阳台、厨房等台面，但是在厨房或者卫生间使用时，需要根据具体的使用途径进行分析，对特殊用途的石材采取增加耐腐蚀性等性能；三、高分子无机材料，作为现代化工技术进步的产物，塑料等无机制品在人们生活中得到广泛应用，同样在建筑领域也逐渐为人们所用，但

由于无机高分子材料毒性大，因此在使用过程中应做好对其毒性、空气污染程度等方面的分析，避免在使用过程中产生有毒物质，危害人们健康。

对建筑装饰工程设计构造的要求。前期的总体设计与构造奠定了一个建筑的基础，更是影响了其中的美观程度与内部空间的配置情况。如今由于人们审美水平的提高，人们对建筑设计的要求也不断增加，其中对美观程度、舒适性、空间分配、艺术性等诸多方面都提出了新的要求，这也间接性地增加了建筑施工的难度系数。在建筑过程中，建筑装饰装修并不是一成不变的，而是随着建筑空间之间的联系以及户主的要求发生不断变化的。建筑工程进行装修装饰的很大一方面是为了提高户主的主观舒适程度，因此就要做到对建筑空间进行合理划分以便增加其舒适性。建筑公司可以通过改变空间比例以及增加装饰物等措施来增强人们的舒适性。这就要求设计者在设计之初充分考虑到户主的需求来进行相关的分析工作，以便更好地满足户主的需求以及达到更高的工程质量。

二、装饰装修过程中的关键技术

吊顶装饰技术。在进行吊顶装饰之前施工者需要知道房间的相关数据，例如吊顶的标高以及净高等，然后早标高周围部分弹线，与此同时做好标记龙骨分当线的工作。龙骨的安装是需要格外引起注意的，施工人员应根据实际需求位置以及距离来进行安装，假如施工计划中没有对龙骨安装进行详细说明，那么实际操作总，施工者应当以房间跨度的2%安装龙骨；另外在安装次龙骨的过程中应将其与主龙骨贴紧，同时也要合理把握龙骨与吊杆之间的距离。

做好防水施工技术。防水施工例如卫生间内的防水工作是相当重要的一步。由于卫生间内有着水管的存在，所以通常会连带着有大量积水。对于这种情况，无论是施工前还是施工后施工者都应将防水工作放在首位，避免漏水情况的发生。鉴于卫生间空间狭小，设施又比较多，所以对施工者的专业性提出了更高的要求。施工人员必须严格按照操作流程进行施工。

地面施工技术。在某些地面例如水泥地面的施工中，施工者应提前做好材料的选型工作，并在施工时对水泥以及沙子的质量进行调控，以免后期工作产生问题。进行调控时，一定要把握好两者之间的比例关系，通过反复试验来确定好最科学的配比，从而达到最佳的性能，来使得水泥地面的坚硬程度达到更高要求。这一部分工作流程包括，首先，打扫好地面卫生，对地面杂物进行清理，防止其对后续的工作造成影响。其次还要设置好标高，来提高工程的标准化程度。在水泥快要凝结的时候要安排好机械对其进行夯实处理，来提高地面的稳定性。最后，还要对处理后的路面进行刮平等处理工作。值得说明的是，整个过程需要三次压光工作，其中第一次应该在抹平立刻进行，如果出现泌水的情况还要准备沙子进行二次处理。而第二、三次压光是为了得到一个更加平整的地面。

三、装饰装修施工质量的控制对策

对原材料的要求。鉴于原材料对装修工作的重要性，采购部门必须严格把控采购流程，防止质量较差的原材料被用于装修工作。相关工作人员可以采取样品抽检的方法来检验原材料的质量是否过关，在抽检的过程中一旦发现质量问题，采购人员都应如实记录并将劣质原材料进行更换。工作人员还要对生产厂家的生产合格证书、质量检验报告以及生产许可进行检查，以便筛选出一部分假冒厂家。在收到施工材料之后，施工方还要做好材料的存放工作，避免施工材料出现受潮等情况，还要做好防火防盗的工作，保证原材料的质量。

采用电气工程智能化管理。从总体来看，智能化电气工程已经被广泛应用于各个领域，其中就包括建筑过程中的装修装饰技术，智能化技术包括全天候监控技术、GPS定位技术等，在进行装修时，例如灯具的安装，就可以采用智能化技术来达到更好的灯光效果。

尽管装修装饰工程作业面小，没有涉及大规模机械操作，但是对设计者要求更高，要求能更好地把握好细节，同时也需要施工者进行更高层次的技术升级与改造，采购更加高质量的施工材料，方能使装修装饰的效果更加完美。在当前阶段，施工者更应注重创新技术的发展，将更多的创意运用在工程的装修装饰之中。

第四节　住宅建筑工程装饰装修施工技术要点

随着社会的飞速发展，我国的经济也发展迅速，人们的生活水平也越来越好。而住宅建筑作为人们的私人生活区域，人们对于住宅建筑装修要求也越来越高，对住宅建筑装饰装修的关注度也大幅提升。因此住宅建筑的工程在施工过程中，要严格按照施工标准进行施工，施工人员要不断加强自身技术，加强施工质量，为人们提供安全舒适的生活环境。本节从当前群体住宅建筑装饰装修工程技术中存在的问题进行分析，并提出了相应的解决办法，以供参考。

住宅建筑装修是指用各种材料或饰品，采用绘画、雕刻等方法进行不同的组合搭配，来渲染某种环境的文化主题，能更加体现建筑艺术的特性。住宅建筑作为个人生活领域，人们对其要求较高。不仅要求房屋布局合理，装饰装修上，人们也越来越重视。住宅装修好坏对居住者产生巨大影响，对其工作和生活都能产生不同程度的影响，因此设计人员在进行装修设计的时候，应该遵循人性化理念，保证光照、透气性等条件，给人们创造一个舒适私人生活区域。

一、建筑装饰装修工程施工的特点

施工时长。住宅装修相对于建筑本身的建设，施工周期较短。目前我国的住宅建筑装饰装修与建筑建设一般情况下是同时进行的，由于建筑建设进度问题，住宅装修在施工时长变短的情况下，还要确保施工质量符合规定，因此对于装饰装修的质量要求更高了。无形中加大了施工人员的施工难度，对施工人员的技术要求也有所增加，施工人员必须具备一定的施工操作能力。

施工材料。住宅建筑装饰装修需要用到大量施工材料，而装饰装修工程本身就具有一定程度的难度，所以更要重视施工材料，从采购到运输、储存都要严格监管，避免出现材料为粗糙烂制的劣质材料。以保证施工过程中不会出现材料不合格导致的相关问题，在工期内完成施工任务。

施工类型。住宅建筑装饰装修包括非常多的施工类型，例如电力施工、土木施工、供水排水施工等，在进行这些施工类型时，需要各部门相互合作，才能更好的保证住宅建筑装饰装修的质量。所以在住宅建筑装饰装修施工过程中，各部门之间应该合理分配工作，施工过程中多沟通，相互配合，减少施工中的矛盾，保证施工过程的顺利进行。

二、装饰装修工程施工技术要点

装饰抹灰工程。装饰抹灰作为装饰施工中最基础的工程，一定要按照一定的施工顺序来。一般是先进行基层清理，将表面的尘垢、油污等清理干净。如果基层清理工作不到位，会很大程度影响基层装饰环节的施工质量。做好基础清理后，要进行细部处理，即安装门窗、护栏等基础设施，处理好建筑施工过程中留下的孔洞、缝隙等问题。最后要分层抹灰，分层抹灰是指在抹灰工程中，用来保证抹灰质量的方法。抹灰工程的质量决定了房屋建筑的面层情况，因此一定要注意抹灰工程的质量，避免出现脱层、空缺等问题的出现。

地面处理技术。地面处理施工类似于基层清理，但是主要针对房屋建筑工程的地面进行施工处理。先将房屋地下的排水暗管、沟槽等进行处理，清理出脏东西，使其能正常工作，然后再对房屋地面上的抹灰、铺设等进行施工。在施工过程中，施工人员要做好有效控制施工环境温度，保证施工材料能够在最佳施工质量控制温度中。

轻质墙体工程。轻质墙体施工就是用墙体对房屋建筑面积进行空间合理分配。轻质隔墙材料的施工时，要等粘接在其粘接材料完全干燥后，才能够进行下道工序的施工。轻质隔墙施工结束后，要进行验收工作，检测其表面是否有起皮、空鼓即开裂的现象，如有，则要进行及时的修补工作，以免影响轻质隔墙的效果及安装质量。施工人员要根据隔断墙题的位置进行固定、施工，处理节点。在施工过程中，要注意墙体链接的精准、平整、垂直、牢固。还要对施工问题进行全封闭处理，进行安全检测。

门窗工程。门窗是家庭中重要的安全保障，除了有通风、安全以外还有为家居填充装饰效果，而门窗安装的同时步骤很重要：门窗安装必须按设计预留门窗洞口尺寸，门窗外框与洞口应弹性连接牢固，不得将门窗外框直接埋入墙体，不得采用边安装边砌口或先安装后砌口的作业方式；对轻质墙体材料砌成的洞口，应在洞口周边或连接处作相应处理，确保连接可靠，严禁连接件直接与轻质砌块连接固定；安装滑撑时，必须使用不锈钢螺钉。

加强钢板可靠连接,连接处应进行防水密封处理。

外墙工程。外墙抹灰工程施工前应先安装钢木门窗框、护栏等,并应将墙上的施工孔洞堵塞密实。设计无要求时候,应采用1:2水泥砂浆做暗护角,其高度不应该低于2m,每侧宽度不应小于50mm。严禁抹灰砂浆超过2小时仍然使用或使用过期作废和受潮结块水泥。对进场材料进行验收严格把关,检查水泥品种是否符合要求,是否已过保质期,并要观察检查水泥外包装是否已破裂,受潮结块,如有此类状况不得使用。严格按照设计砂浆配合比进行搅拌,不得随意调整。

三、施工过程中的相关安全措施

施工过程中,要明确各工程先后顺序以及各工程之间的关系。每个工程都相互依赖,一旦有其中一道工序没有认真完成,将给整个工程带来严重影响。工作人员需了解各个工程之间的联系,树立系统性理念,各个部门相互配合完成整个工程。建筑装饰装修工程本身具有一定的技术难度,所以施工人员要不断提高自己的施工操作技术,严格遵守施工要求,及时解决施工过程中出现的问题,严格把控施工材料的采购、存放等各个环节,以保证整个施工过程中不会出现施工材料相关问题。

综上所述,随着社会的进步和时代的发展,人们的收入水平也逐步提高,住房要求也逐渐提高,住宅建设项目种类越来越多,住行是人们生活不可或缺的一部分,住宅内部结构和周围环境也受到消费者的深层关注,一般来说,住宅装修都是在房屋建筑施工完工后,再进行装修,房屋装修程度的好坏直接决定了居住的舒适程度,对建筑工程也有非常大的影响。因此,在进行住宅装修时,保质保量,满足居住者对住宅装修的各种需求,促进我国建筑行业的健康发展。

第五节 建筑工程装饰装修细部构造注意事宜

随着国民经济的发展,对建筑领域提出了更高的要求。近年来,人们越来越关注建筑工程装饰装修,希望建筑质量能够增强,建筑的实用功能能够不断完善。本节主要对建筑工程装饰装修细部构造的内涵进行了解,提出装饰装修细部构造的设计原则,并以此分析其设计方法,对每个建筑设计其独特的风格,选定合适的材料,确定构造的尺寸,从整体上把控构造设计,从而让装饰装修的效果达到理想标准。希望可以为实际施工提供参考,促进我国建筑行业和装饰装修的发展。

每一项工程建设都是一个整体的,系统性的工程。在工程设计时都会注意装饰装修的内部构造,在保证建筑安全和使用功能完善的基础上,增加建筑视觉效应给人们以美的享受。装饰装修细部构造要把人们预想中的样子变为现实,化虚为实,本篇文章主要对装饰装修细部构造进行具体研究,希望可以促进建筑装饰装修工艺的进步。

一、建筑工程装饰装修细部构造概述

建筑工程装饰装修细部构造主要是利用一些装饰装修材料，对建筑物内部，外部和空间上进行装饰装修处理，这样做一方面是为了保护建筑物，这是建筑工程装饰装修的基础功能；另一方面是实现美化建筑物的建筑装饰目标，并且完善建筑物使用功能。加强建筑工程装饰装修细部构造研究，在实际建装修处理中可以更好地对建筑物内外进行布置，让人们达到视觉上的享受，从而提高了建筑的质量和人们的满意度以及生活舒适度。建筑施工装饰装修完成之后，对其细部再次进行装饰处理，会改善原来装饰中的缺点问题，使房屋建筑更符合人们生活需求。

在建筑工程装饰装修细部构造中，要把握实用功能性原则和安全可靠性原则。建筑装饰装修以后对内外环境空间的使用是对建筑装饰装修评价的重要依据。在细部构造设计中，越能展现出建筑工程内外空间的使用功能，则说明装饰装修的效果更好。否则就是装修效果差，不能满足人们需求，装修不符合标准。安全可靠性原则就是在建筑结构整体构造的安全可靠基础上，其装饰装修细部构造也要保证安全可靠，符合人们的基本需求，充分展现其耐久性和适用性。

二、建筑工程装饰装修细部构造的设计原则

为了更好地进行建筑装饰装修，对建筑装饰装修细部构造就要坚持以下六点设计原则。

第一，在建筑细部构造设计中保证足够安全坚固。房屋足够安全，人们住着才会舒心，在设计装饰装修细部构造方案时，首先要保障建筑主体结构的坚固性，必须对选用的材料进行严格审查，保证有合格的刚度强度，保证建筑主体和装饰装修细部构造的安全牢固性。

第二，设计装饰装修细部构造时要保证材料的选择足够合理。现在国家倡导绿色化发展，所以在装饰装修细部构造原材料考虑上就要考虑那些节能环保的材料，在满足安全性的基础上，进行节能减排，保护环境，提高人们意识，提高建筑美观。

第三，装饰装修细部构造要实现装配化施工。在工程建设过程中实现装配化施工已经成为国家发展趋势，顺应时代潮流在建筑行业实现机械化、一体化、批量化，从而促进施工建设工作的协调开展。

第四，在装饰装修细部构造的设计中要保持相关专业的协调。建筑装饰装修作为一个整体，它其中包含着土建、安装、智能、消费、暖通等多个专业，所以在设计时要统筹考虑从全局出发，加强相关专业的协调，对于一些不必要的矛盾问题及时预防，促进装饰装修工作的顺利进行。

第五，装饰装修细部构造设计要方便工程检修。在设计中不仅要关注前期的施工和人们对建筑美观要求，还要重视工程后期的维修检查工作，为一些线路管路留存余地，方便以后的工作。

第六，装饰装修细部构造设计要实现物美价廉的目标。这里说的物美价廉不是平常所

说的质优价廉的商品，而是在建筑装饰装修细部构造中能够利用新工艺，新材料，新技术，创作出一种新颖独特极具美观的给人以美的享受的建筑装饰装修效果。由此可以看出，此时的物美价廉就是指在安全性基础上，以最低的成本实现建筑物最大的美观度。

三、建筑工程装饰装修细部构造的设计方法

设计风格。一个完美的装饰装修细部构造设计，它的设计风格决定了它的质量。确定工程构造的风格，就是对工程构造方案进行整体的把控，确定装饰装修后整体的环境情调，而且装饰装修工作人员在实际操作中要不断向这个目标迈进。工程构造的设计风格是多样的，它会随着人们的需求而变得厚重或者轻松。但是从厚重和轻松这两大类中又可以具体划分，厚重里面又分为古朴、高贵、典雅等，所以这些细小的差距，只有在设计构造中体现出来才能逐渐呈现在人们眼前。

确定构造材料。首先确定了设计的风格就要进行装饰装修细部构造材料的选择。工程构造，材料的选择也是有几个考虑指标，像材料的材质、材料的档次和材料的性能这些都是材料选择的参数依据。在工程构造材料材质的选择中主要是考虑其是有机材料还是无机玻璃；对于材料档次，主要是考虑的价格方面；材料性能是优良或者普通。从当前我国装饰材料应用实际中可以看到，大多数人们还是使用那些节能环保，绿色，科学的材料来满足需求，但是他们在选取这些材料时同样关注其价格。

确定构造尺寸。我们都知道工程构造尺寸会直接影响的工程装饰装修的效果和工程造价成本。这样构造尺寸方面有这样一个实际经验，那就是材料尺寸越大，它的构造效果就不会很碎，这样工程构造成本也就比较高。在实际建筑工程，装饰装修细部构造时，都会结合建筑工程实际的特点和人们的构造需求来确定构造的尺寸。在构造尺寸确定时要注意三方面，首先，一方面是在空间上不能出现小于一半材料情况；第二方面是要对贵重材料，充分利用；第三方面是在施工叠加材料时注意把握厚度和平面关系，把握和尺寸为后期相关工作留有空间。

技术要素的整体设计。所谓技术要素整体设计，就是在装饰装修细部构造设计时对水电、风暖等多种技术要素整体规划，下面进行具体讲解。

第一空间环境设计在民用住宅设计装修通常的设计风格都是以实用为基础，比较简单。所以在对空间环境设计时要从它的设计风格角度出发，对建筑的装饰材料、照明、色彩等方面在满足其基本需求基础上进行合理选择。不同环境需要有不同的氛围，在技术要素考虑中不能仅仅考虑成本，例如那些娱乐场所和会馆，它们对建筑装饰装修的空间环境要素要求很高，所以就算某一设计方案成本高也要为了满足企业基本需求而使用此方案。

第二空间形态设计空间形态构造上也是适应不同建筑需求条件的，空间形态上的不同，所以其构造设计也就有不同。像一些学校和宿舍为了实现整齐划一，利用相同的排列方式，体现了房屋构造的整体性；而像展览馆这样的建筑，就会采用序列空间组合，这样的空间

形态布置也是为了让人们能够按照顺序依次进入各个空间，每个空间连接性很好，有很多的走廊、门厅等。

第三空间关系设计技术要素空间关系整体设计把控时，要根据其特点和使用功能具体进行构造设计。建筑装饰装修主要是对是对室内和室外以及使用空间装饰处理，细部构造设计时针对建筑物突出个性，例如宗教建筑就会体下一种精神追求，其装饰装修细部构造设计就要突出在精神层面，在建筑具体展现上主要表现为建筑的艺术性、纪念性和文化性。但是对于一些生产车间来说，他就比较追求实用性，在建筑具体展现上主要表现为建筑室内生产流程，生产环境必须符合要求。

总之，建筑工程装饰装修细部构造时要注重整体把握，确定结构设计主题，根据实际需求每个部位选择合适的材料，展现出装饰装修内部构造的实用属性和内在价值。

了解建筑工程装饰装修细部构造的基本内涵，认识到细部构造在工厂装饰装修中的重要地位，在实际装修施工中要关注每一个细节，遵循建筑工程装饰装修西部构造的设计原则，制定详细的计划方案，依据国家对建筑工程装饰装修中细部构造的规范和标准结合每一个建筑物需求，对每个建筑装饰装修细部构造制定出其独特的设计风格，选定合适的材料，确定构造的尺寸，从整体上把控构造设计，从而让装饰装修的效果达到理想标准。

第七章 建筑工程施工管理

第一节 建筑工程施工的进度管理

圆满完成工程项目建设的任务，这是有待于我们每一个工程建设者认真探讨的问题。

一、建筑工程施工进度的影响因素

建筑工程施工项目的进度受多种因素的影响，具体包括人为因素、技术因素、资金因素、气候因素和外部环境因素，等等。但通常对进度影响最大的是人的因素。

（1）没有充分认清项目的特点与项目实现的条件。如没有做好充分的工程前期策划工作对政府资源的掌控能力不足，相关地址、文物勘察没有做好相应的前期了解等因素都是制约施工进度的主要因素。

（2）项目管理人员的失误。如项目组人员未制定有效可行的进度计划，并未按设计规范或技术要求来控制施工，造成质量、安全问题，而引起返工延误进度；从而无法在进度计划控制范围内有效的达到质检、安检的过程监督检查。

（3）施工阶段的进度管理工作不力，这会直接影响到施工项目的进度。

二、施工进度控制的影响因素

（一）人为因素的影响

建筑工程的施工与完成的时间、完成的好坏，其中最重要的就是人为因素。因为人是整个活动的主体，一切的施工安排、组织调配、合作协调等都是靠人来完成，而这些，都是影响建筑施工进度的直接因素。影响建筑工程进度的不只是施工单位，事实上，只要是与工程建设有关的单位（如政府主管部门、建设单位、勘察设计单位、物资供应单位、资金贷款单位、以及运输、通讯、消防、供电部门等），其工作进度的拖后必将对施工进度产生影响。因此，除了施工单位要组建得力的项目部，深入做好人员配置，选出组织能力强、经验足、具有计划、控制和协调意识，预见力和敏感性好的人员做项目经理，同时应充分发挥监理的作用，利用监理的工作性质和特点，协调各工程建设单位之间的工作进度关系。

（二）工程材料、物资供应的影响

一个庞大的建设项目，需要配置大量的工程材料、构配件、施工机具和工程设备等。首先是劳动力资源的配置。人力资源配置不足或不均衡，必然影响建设项目的施工进度。其次是材料供应的影响。如果工程材料的供应不能满足工程建设需要，导致周转材料不足，使可以同时展开的工序被分段实施；当地材料资源缺乏或运输条件较差，导致主材采购供应困难；材料供应商不能如期供货等，都可能导致建设工期的延误，影响施工进度。最后还有施工机具的影响。施工机具配置过多，就会导致资源浪费，堵塞施工现场，影响工作面的展开；机具配置过少，就会造成施工效率低下，人员和材料闲置，从而影响施工进度。

（三）资金的影响

工程施工的顺利进行必须要有足够的资金作保障。建设单位资金不足或资金没有及时到位，将会影响施工单位购置工程材料、构件等的时间，影响施工单位流动资金的周转，进而拖延施工进度。施工条件的影响建筑工程的施工，对环境的依赖性很大。恶劣的气候环境，水文、地质等条件，例如台风、暴雨、疾病、电网不正常停电、不明障碍物等外在环境，都会影响施工进度。

三、开展建筑工程施工进度管理的具体措施

（一）加强施工组织管理

工程项目部管理层人员、工程主要技术骨干等施工核心队伍应当由具有丰富施工经验的人员所构成，为了确实保障工期目标的实现，应当努力确保本建筑工程所需要各种的人力、物资以及设备等等，从而快速组织人力、设备与材料等进场。在施工合同签署之后，本施工项目的主要管理者应当快速到位，并且积极组织实施现场调查，编制出符合工程实际需求的实施性施工组织设计方案。在此基础上，应当加强和地方、当地民众的沟通与联系，全力争取得到当地群众的理解与支持，从而为工程的顺利施工创设出较好的外部环境，确保工程施工能够顺利开展。在建筑工程项目开工之前，应当结合现场所具有的施工条件，认真安排好临时性设施，并切实加强各项施工准备工作，编制出该工程的重点与难点，并且落实好具体施工方案。在实施之前，一定要及时报请监理人员进行审核与批准，从而尽量地缩短工程施工准备环节的时间，尽力保证早进场与早开工。在施工的过程之中，应当实施标准化施工，严格依据质量标准管理体系的要求，按照施工的进度要求，分别编制每月、每旬、每周的详细施工计划，并且合理地安排施工工序，实现平行化流水作业，从而提高施工的进度。

（二）加强施工物资管理

为确保工程项目的施工进度，每一道工序所要求的原材料、构件与配件等均应在事先

就做好充分的准备，并且落实好各类物资的质检、实验、取样复试等相关工作。施工单位要按照工程进度计划之要求，建立起相应的施工物资采购计划，其中所采购材料的订货合同当中应当注明供货的时间、地点等具体条款。

（三）加强施工设备管理

施工机械设备对于工程施工效率而言具有决定性意义，将直接影响到建筑工程建设的进度。比如，塔吊管理工作就会影响到整个施工现场实施的进度。有鉴于此，包括塔吊设备基础是否稳定、塔吊安装与使用一定要有专门组织机构进行质量安全方面的鉴定，而操作人员一定要做到持上岗证进行操作。当然，施工现场的各类施工机械设备均应经过上级相关主管部门的安全检查与检验，同时，应当实施岗位责任制，做到责任到人，促使操作人员能够严格依据操作流程进行规范化作业，从而确保机械设备能够正常运行，并且确保现场人员的安全。

第二节 对建筑工程施工现场管理

随着我国城市化进程的推进，促进了建筑行业的发展。现如今，建筑工程的数量逐渐增多，这一方面给建筑施工单位带来了巨大的机遇，同时也造成了较大的竞争压力。而建筑施工单位要想获得进一步的发展，就需要提高自己的管理水平，因为其管理水平的高低会对其信誉产生影响，一旦现场管理效率较好，就会提高整个工程的施工质量，这样用户的满意度也会得到提高。

在实际的施工过程之中，建筑工程施工的技术水平决定着整个建筑工程的施工质量。因此，在现场施工技术的管理之中，首先要确保实际的施工工程技术水平的重要基础性，也要保证施工质量以及安全的重要管理工作。做好企业的施工技术管理可以进一步提升企业的工程质量，加强员工的工作积极性，提高企业的核心竞争能力。

一、现场管理的重要性分析

（一）有助于提高整个工程的施工质量

建筑工程项目的周期较长，这使得项目的施工现场管理也非常的复杂，存在着各种各样的问题，而且这些问题的处理难度较大。例如，施工器械的管理、施工人员的管理、各施工环节的有效对接等等，这些都属于现场管理的范畴。在工程施工中，如果这些问题没有得到有效地处理，就会导致其他子项目的施工也会受到影响。建筑工程项目属于一个系统性的工程，是由众多流程结合在一起，并不是独立的环节管理。

（二）有助于施工企业形象的提升

现如今，人们的生活质量有了较大的改善，这使得他们对自己的居住环境有着更高的要求。在这种背景下，人们对工程的施工质量有了更高的期待。施工单位如果重视现场管理工作的开展，协调好工程施工中各项管理工作，以提高自己的管理水平，这样整个工程的质量就会得到提升。当人们发现工程的质量符合自己的期许，他们就会对这个工程的施工单位有着好感，从而提高本企业的口碑。

（三）有助于提高工程的利润与效益

在建筑工程施工中，施工企业要想获得更大的利润，就需要对施工成本进行相应的控制。而要想实现这一点，就必须要重视工程的现场管理工作。因为一个良好的现场管理，能够使人力资源、物力资源等得到有效的配置，能够防止出现浪费资源的情况。

二、建筑工程施工现场管理优化措施

（一）完善现场管理制度

在国内建筑工程施工现场管理方面，普遍缺乏完整规章制度，以至于现场管理主要依靠人员临场指挥，一旦更换管理人员将重新建立管理规则，导致现场管理效果受到影响。为提高管理成效，需要对施工现场管理制度进行完善，结合工程实际情况完成施工制度的制定，做好责任的划分，保证施工方案能够有效落实。形成相对固定的、行之有效的管理制度，能够确保前后任工作的顺利延续。结合工程施工现场管理目标，还应明确施工作业流程，设立相应管理制度，对施工人员进行培训，同时加强对施工材料、设备的使用约束，使现场管理工作得以高效开展。

（二）重视质量监督检查

施工现场分布有大量材料、工具、设备，需要采用各种施工技术和方法开展作业。如果想要保证工程建设质量，就需要加强质量监督检查，确保材料质量得到严格管理，并且使施工技术方法得到科学运用。作为现场管理人员，缺乏质量意识将导致人员作业缺乏有效监督，使工程各环节施工缺乏控制，继而导致施工质量因现场管理水平低下受到影响。针对建筑工程，人员在现场管理中需要从各方面实现施工质量监督检查，保证分项分部工程建设质量，使隐蔽工程施工得到严格管理，继而避免工程后期返工问题的发生。

（三）贯彻绿色管理理念，提升施工现场管理水平

对于现今房屋建筑工程项目施工而言，营造绿色的、环保的施工现场有着非常重要的作用。针对施工现场扬尘进行喷头喷水处理；把施工废水经过适当处理达后排放至市政污水管网；对施工固体废物进行收集、分类运送当地政府指定地点集中处理；施工期间还应考虑对周边居民的影响，避免施工段产生大量的噪声影响了居民的正常生活。

（四）优化施工技术水平

管理人员在对施工技术进行管理时，应当加强管理意识，对每一个工程环节都认真对待，在设计施工图纸时，管理人员要确保图纸达到工程标准，并反复检查图纸，避免图纸出现问题延长施工进度。一旦进入到施工阶段，施工现场中的施工技术和施工设备也要通过管理人员的检查，确定工程所使用的技术设备能够顺利运行。除此之外，有关部门应当参与到工程的监督中，通过限制施工单位的不合法操作来提高工程的质量，并且政府介入能进一步加强对工程的管理力度，避免出现烂尾工程。大多数施工单位因追求一时利益而忽略了长远的发展，所以施工单位应提供给施工技术方面大量的经济支持，学习国内外优秀的施工技术，以此来保障工程质量，提高施工效率。企业高层也应重视施工技术，更多得了解先进的施工技术给工程带来的影响，新技术不仅能提高施工效率，在对环境的污染程度上也能做到最低，因此，施工单位应完善施工技术，以此提高施工质量。

（五）实施项目计划管理

在施工现场管理上，忽视成本和进度管理问题，将造成工程超期或超预算问题的发生，从而无法取得理想管理成效。为保证管理成效，需要实施项目计划管理，结合项目预算、进度计划开展现场管理工作，明确施工各阶段费用和花费的时长，制定相应项目方案计划。结合方案要求加强与各方的沟通，明确工程施工管理责任，能够按照计划对工程成本和进度进行严格控制，通过对施工现场进行动态化管理获得理想管理成效。

综上所述，在建筑工程施工现场管理实践中，需要依靠专业团队运用先进理论和手段加强施工现场管理，凭借完善管理制度对现场施工作业、管理活动进行巩固提升，以保证施工现场管理成效得到保证。针对建筑工程，还应加强质量监督检查、项目计划管理，同时重视安全环保管理，使工程施工成本、安全、质量、进度、环境影响等各方面得到有效控制，继而取得理想的管理成效。

第三节 建筑工程施工房屋建筑管理

随着我国经济的发展，建筑工程的市场竞争形式越演越烈，建筑企业想要提高市场竞争力，在激烈的市场竞争中占有一席之地，因此，应该全面提升房屋建筑施工管理水平，针对以往管理工作中存在的问题，制定有效的管理措施，才能提升房屋建设质量，促进建筑施工行业在市场中稳定发展。文主要详细分析了房屋建筑管理，并给出创新策略。

建筑工程行业正高速发展，对工程施工质量、进度、安全和成本等的管理要求也愈来愈高，相关新技术、新工艺也不断被应用。但与之矛盾的是技术管理人员和劳动力均处于短缺状态，给现阶段工程管理带来了较大的难度，管理工作形势不容乐观。所以，施工企业必须加强优化管理方法，提升工程施工管理水平，以适应建筑工程行业快速的发展的需要。

一、房屋建筑工程施工建筑管理的必要性

第一，经过对施工管理方法的创新，使得建筑工程施工技术应用能够充分满足工程发展的需求，发挥出科学技术在建筑工程施工管理中的作用，可以提高建筑工程经济效益。第二，经过创新施工管理模式，完善管理体系，能够全面覆盖施工管理全过程，不留管理死角，及时地发现工程施工中的问题，确保工程各项目标的实现。第三，加强对建筑施工管理的创新，能够积极发挥出施工人员工作积极性，在确保工程施工质量、安全、进度的基础上，减少建设的成本，提升企业的社会经济效益，进而在激烈的市场竞争中获取一定优势。

二、房屋建筑工程施工管理存在的问题

（一）施工材料管理不够重视

为有效地保证建筑工程施工质量符合建设标准，必须加强对施工原材料的管理。当前，仍有少量企业或管理人员为节省建设成本，施工时偷工减料。还有些企业不是有意识的偷工减料，而是忽视材料管理，导致出现问题。比如说：进场后无人核对相关材料规格性能，现场实际施工材料与图纸或规范要求材料不符，导致返工。在材料质量抽样调查的时候，没有严格按照有关规定实施检查，不符合建设质量要求的材料进入现场应用，势必会对整个工程项目施工质量造成直接影响。

（二）缺少风险管控意识

当下大部分相关企业对于施工过程中的潜在风险没有警觉的意识。而对于多发于建筑工程中的人才流失、财务风险、产品风险等现象，工程管理人员将其归咎于企业间的竞争。而对于这一系列现象的成因，工程管理人员并未进行深刻细致的探究。受到这种懈怠慵懒的工作态度的影响，一些施工标准的工程项目往往容易发生信誉流失、资金短缺、利益受损等现象。具体到施工管理工作当中，风险管理意识的缺失则容易导致资本流失和施工事故。

（三）监督意识不够强

由于房屋建筑工程施工技术管理尚未形成标准化、规范化、精细化的明确管理体系，也没有制定针对各个环节的管理细则、管理条例，导致管理过程中管理人员监督意识不强，管理方式落后。管理监督力度决定了整个施工现场是否能够按照要求严格执行相关的工作任务，若缺乏监督，施工现场就会出现各类不规范行为、违法行为，长此以往管理就流于形式，相关人员也养成了松懈、懒散的态度，更加不重视管理内容和管理标准。因此对于房屋建筑企业而言，加强监督力度是促进管理内容具体落实的基础。

（四）施工进度管理达不到预期目标

建筑工程施工管理是一个复杂、庞大、系统的工程项目，有着工程施工周期长、规模大、参建单位多和涉及面广，还受自然条件、技术条件复杂等不确定性因素。进度管理是施工管理中非常重要的内容，建筑工程建设项目管理的中心任务就是有效地控制建筑工程的施工进度，使其能在预定的时间内完成施工建设的要求。近几年来，建设规模迅速扩大，市场中劳动力不足是近期困扰所有施工企业的问题之一。

三、建筑施工房屋建筑管理创新的优化策略

（一）建立管理创新体系

建筑施工本身就具有一定的复杂性，这就需要在管理的时候明确部门分工，为此就需要一套具有高效管理的机构，这就要求管理者对于各部门之间的内部构架有一定的了解，细化各部门的职责，这样在施工当中各部门之间有密切的相互配合，这种协调操作会推动高效管理。

尤其是部门内部的管理机制的完善，可以有效地调动内部管理人员的工作情绪，这在推动施工管理的发展，让其更加的契合实际要求。

（二）工程质量理念的创新体系

（1）在工程施工管理过程中，应树立"质量第一"的重要观念，管理人员应改变以往片面的管理思维，将"质量第一"的理念融入管理过程中。（2）在工程施工管理过程中，应树立"质量第一"的互联性，即工程质量控制并不是独立存在的环节，会影响施工成本、施工进度、施工材料、施工信誉等内容。这种理念的树立使工程质量管理过程可以统筹兼顾，不再具有局限性。（3）要在施工管理过程中，让施工人员明白"保质量"是维护与巩固施工单位信誉的重要基础，只有保证企业信誉才能提升施工人员的自身利益。因此，在施工现场"质量第一"理念尤为重要。

（三）技术管理创新体系

技术在施工项目当中起着关键性的作用，为此就需要改变传统的管理技术办法，让施工管理更具有实用性，为此就需要引入较为先进的管理理念和技术，但是这不是一种盲目的采用而是需要结合企业本身的特点进行选用，有些不适的地方就要进行剔除，或者是完善，对于适合的部分进行不断的强化，在这样去粗取精的过程中充分探索出适合自己企业的管理模式或者是管理技术，若是可以进行自主研发会更加的适用于本企业当中，有了很好的管理措施内容就需要进行实际的落实，为此就需要管理人员进行合理的部署。及早的应用到施工管理当中就可能会占据市场先机，这种技术保障也是为了企业能够更好的发展。

总之，要想提升建筑工程施工管理水平，就要进行管理创新，从管理理念、管理人才

以及管理技术等方面入手，结合企业自身特点，将之落到实处，企业施工管理水平才能不断的提高，在当前市场经济激烈的竞争中，才能够立于不败之地。

第四节　建筑工程施工安全风险管理

改革开放以来，我国城镇化进程进一步加快，人民生活水平得到了极大的提高，社会各界对居住环境、办公环境和学习环境等的要求进一步提升，工程建设项目投资数额进一步增加，其数量急剧增加。然而，在实际工程施工过程中，各类影响因素强度在一定程度上增加了建筑工程施工安全风险，给工程项目的顺利完工带来了一定的阻碍。因此，对建筑工程施工安全风险管理与防范的进一步研究和探讨有着极其重要的理论意义和现实意义。

在经济全球化的大背景下，各行各业虽然在一定程度上得到了良好的历史发展机遇，却也面临着产业升级的重大挑战，市场竞争进一步加剧，建筑工程行业同样如此。为进一步提升我国建筑行业施工安全管理水平，切实保障建筑企业为国家经济建设和城镇发展做出重要贡献，本节在探究建筑工程施工安全风险影响因素的基础上，针对性地提出了建筑工程施工安全管理与防范的相关措施，旨在为保证我国建筑企业快速发展和降低企业施工过程中各类安全事故发生的概率带来更多的思考和启迪。

一、建筑工程施工安全风险成因

（一）环境因素

众所周知，建筑工程施工绝大部分为露天作业，且建筑产品具有体量大、一次性和固定性等重要特征，进而使建筑工程施工在极大程度上受工程项目所在地的环境影响，给建筑工程施工安全管理带来了一定的阻碍。露天作业的建筑工程项目施工不仅在极大程度上受制于当地的气候条件和自然灾害等，项目所在地的地质条件更会带来更多的安全隐患。例如，外观相似、建筑结构类同的工程建设项目往往由于软土地基和岩石地基的差异，而在施工技术、施工材料、施工工序和施工机械设备的选择上存在较大的不同。

（二）施工人员因素

工程项目安全施工在极大程度上依赖于建筑工人的专业素养和个人素质，然而在实际施工过程中，不少企业为最大限度地节约建筑成本，提升企业的经济效益和市场竞争力，常常会聘用部分没有施工经验的工人完成相应的施工工序，甚至存在为节省培训费用而让工人未经培训便上岗作业的情况，使得部分没有施工经验、没有施工技术和自身安全意识不强的施工人员进入施工现场，不仅在极大程度上增加了工程项目出现安全事故的概率，也为工程项目施工不能达到预期质量标准埋下了一定的隐患。

（三）施工企业因素

目前，部分施工企业为最大程度上追逐经济利益，往往选择将更多的人力和物力用于对工程设备的引进、技术流程的优化和高级管理人员的聘请等，试图借助施工效率的提升以缩短工程项目工期，进而提升工程建筑的整体效益。然而，施工企业往往在一定程度上忽视了施工过程中的安全投入，在员工安全教育和安全生产培训方面有所欠缺，从而导致项目施工过程中工作人员安全防范意识较差，存在未经培训便上岗、不遵守安全规章制度和违章违规作业等问题，在极大程度上增大了安全事故发生的概率。

二、建筑工程施工安全风险管理与防范措施

（一）建立健全各项安全制度

不同的工程施工项目所在地环境有所不同，适宜科学的安全制度也存在较大的差异。因此，为最大程度上保证工程项目施工的安全性和可靠性，施工企业应在考虑项目人力资源的基础上安排专业人员拟定相应的管理方案，最大程度上了解工程项目所在地的周边环境和水文地质情况等，提升管理方案的实用性和可操作性，并在此基础上不断完善原有的安全管理制度，最大程度上监管和把控工程项目施工过程中存在的安全风险问题，从而增强安全管理方案的适用性，避免管理制度的生搬硬套。同时，施工企业应进一步强化问责制度，保证把施工安全管理工作落实到具体的班组和个人，避免工程项目出现质量问题后互相推诿的情况。此外，建筑企业还应进一步加强对基层工作人员的安全意识教育，最大程度上使施工人员建立起自觉遵守安全制度的意识，充分发挥员工对落实风险监管机制的积极性和主动性，切实保障工程项目施工人员和施工现场的安全。

（二）提高施工人员的素质

在工程项目施工前，施工企业需要对基层施工人员和管理人员等做好安全意识教育和专业知识培训等工作，最大程度上提升工作人员对施工安全的重视度。在工程项目施工过程中，项目部可选择以老带新的制度，不仅在一定程度上提升了企业原有员工的责任感和荣誉感，更能够快速提升新员工的技术水平和专业素养，降低工程项目施工过程中的安全风险。此外，施工企业还可进一步通过施工人员持证上岗等机制加强对施工工作人员的资质检查，为督促施工人员自觉提升专业技能做出一定的贡献。

（三）提高机械设备的可靠性

建筑工程施工过程中，施工设备的可靠性在一定程度上直接决定了工程施工的安全性，是施工企业安全管理不容忽视的重要部分，因此，管理人员应进一步加大对机械设备的管理力度，定期对机械设备进行维修和检查，尽可能地排除工程施工过程中由于设备故障而发生安全事故的情况。此外，在工程施工前安置机械设备的过程中，工作人员不仅应严格

按照有关说明书科学合理地开展设备安装和拆卸的相关工作，更应在考虑施工现场实际情况的基础上选择恰当适宜的机械放置地点，并进一步做好相应的安全防护工作。

（四）风险自留

风险自留是项目风险管理的重要技术之一，建筑工程风险管理中的风险自留要求施工企业在项目施工前便做好相应的成本预算，留出足够的资金用于缓解施工安全事故发生带来的不良后果，最大程度上保证工程项目的顺利完工。若工程项目施工过程中未发生相应的安全事故，则此部分资金转变为项目资本的节余，进而提高施工企业的经济效益。

总之，施工企业在尽可能周全详细地了解本工程施工特点和周围环境的基础上，从人员、现场、环境等影响因素出发，制定相应的风险管理与防范措施是最大程度上降低建筑工程施工过程风险性的重要手段，更是项目管理者针对性地管理项目施工安全风险、保证工程项目顺利完工的重要方式。

第五节 建筑工程施工技术优化管理

施工技术管理是企业建设不可或缺的一部分，优化建筑工程施工技术管理具有重要意义。本节主要探讨了提高建筑工程施工技术质量管理水平的必要性和意义，以及优化施工工程施工技术质量管理水平的有效措施和方法。

建设项目施工技术管理包括文件管理，图纸审查，技术公开，人员培训，安全管理等多个方面。随着社会经济的不断发展，对城市建设的需求不断提高，为建筑企业建立了良好的发展环境。建筑工程是人们生活和工作的重要场所，具有不容忽视的意义。施工企业要全面提高自身水平，保证建设项目的施工质量，取得经济效益和社会效益。

一、施工技术管理的重要性

（一）增加经济效益

经济效益建筑工程施工需要大规模的成本投资与资金投入，要想通过工程建设施工获得可观的经济效益，就要科学地控制成本投入。采用科学、先进的施工技术恰好能满足这一点要求。加强施工技术管理能够对施工材料、施工项目、施工工序、施工过程等做出合理的选择与规划，使工程建设亦步亦趋地开展起来，每一个施工阶段的每一个环节都投入最小的成本，获得最可观的经济收益，也就是用最小的成本投入获得最大的收益。这样能够防止资源的浪费，达到人力、物力、财力等作用的充分发挥，控制施工建设时间，扩大施工企业的经济收益，从而获得一定的竞争实力。

（二）保证建设质量

众所周知，高质量的建筑项目需要高水平的施工技术。只有科学和先进的施工技术才能创造出高质量，高水平的建筑项目。可以说，施工技术是项目建设的硬条件和基础保障，施工项目的施工是从建筑材料中购买的。施工技术的选择和施工技术的应用需要科学技术的规范，指导和支持。只有科学，先进的施工技术才能促进项目建设的有序，规范发展，才能创造高质量的建设项目，才能创造良好的经济效益。

（三）维护施工安全

建筑工程施工是一项高风险的运营项目。一旦施工安全问题发生，将影响工程施工进度，影响施工的经济效益。加强施工技术管理，确保所有施工工作有序，有计划地进行，缩短施工和施工周期，保持整体工程建设的经济效益。

二、建筑工程施工技术优化管理措施分析

（一）加强施工原材料的管理

建设项目原材料管理属于建设项目管理的第一步，也是工程基础的保障。原材料管理主要包括建筑材料采购管理，材料适应性管理以及后期储存和使用管理。在建筑原材料采购优化管理中，要通过新技术加强对材料质量的检测和评价，保证建筑材料的质量。分析建材市场供应商，准确把握材料市场现状，分析市场，运输，保鲜等各种因素对建筑材料采购的影响。科学地计算出具成本效益的供应商；建立综合材料实验室，加强对建筑材料的适应性技术管理，结合建设项目的实际情况，制定科学的材料应用标准，施工技术参数和相关的技术管理方法等。为了确保建筑材料的所有施工要求都能达到标准；完善建筑材料的保存和使用管理技术。在这种情况下，材料经常被不合理地储存，导致材料劣化。另外虫蛀、腐烂等也将引起材料变质。因此，在材料保存过程中，应妥善保存建筑材料的特性，合理地考虑造成影响的环境因素，以减少材料的劣化。

（二）构建健全的施工技术管理制度

施工企业应建立健全施工技术管理体系，全面贯彻施工工程施工相关法律，法规和政策，严格执行相关技术标准；此外，应定期对施工队伍进行专业技术培训，提高施工人员的专业技能和综合素质，促进施工人员规范化；加强施工监督管理，严格摒弃威胁建设项目质量安全的行为。

（三）健全图纸会审体制

在建筑工程施工管理中，施工单位应准确清楚了掌握设计意图，保证建筑工程施工质量。相关管理人员应联合监理单位、设计师等，对建筑工程设计图纸进行认真的审核。若

在会审中发现问题，如材料标记出现错误、施工设计未满足国家标准等，应及时采取补救措施，准确计量，做好设计变更的通知；并组织施工人员及时学习设计图纸，了解图纸，通过图纸的会审，对施工中的各种可能发生的因素进行明确，并采取相应措施进行防范。

（四）提高技术文件的管理

施工单位应科学管理与施工工程有关的各类文件，科学配置和处理施工企业的各种资源。在建设项目施工中，应结合项目的现行施工条件和组织设计图纸，及时进行合理的审查和调整。特别是对于设计图纸的详细管理，应从根本上保证施工图设计图纸的质量和合理性。如果建筑材料和设备在建筑工程中的应用发生变化，将对建筑工程的质量产生一定的影响。如果相关管理人员仅根据设计阶段提供的图纸进行管理，施工项目的质量可能会下降。建设项目施工应及时实施合理改造；另外完善竣工文件管理，建设项目施工期间产生的使用和维护价值有效反映建设项目实际情况的图像，文件资料和图像存档，科学保存。这为后续的建设项目验收，监督和审计提供了相应的科学依据和信息支持；最后，应改进对变更文件的管理。在施工期和施工质量方面，有必要在设计图纸变更前后妥善保存文件，相关数据，说明文件和试验数据。

（五）加强人力资源的管理

建筑工程质量的提高最终要以人为因素为基础，施工技术人员是施工管理的重要组成部分。施工技术方法的合理应用和施工技术的应用率都是直接影响建筑工程施工技术优化管理的因素。在这方面，建筑企业应注重培养综合素质的建筑，技术和管理人才，科学管理。第一，应加强对建筑工人的管理和培训，定期或不定期举办专业技术讲座。不断提高施工人员的操作技能，提高技术安全生产的思想观念。并建立严格的问责制管理，以确保所有施工技术都能得到安全实施。为了有效提高工程建设技术的应用水平；第二，提高施工人员的综合素质。在整个工程中起监督作用的施工项目管理人员是保证整个施工项目高质量的基本前提，要求施工人员不仅要有扎实的施工技术，它还应具有足够的责任感和施工技术意识的管理，对项目质量问题有一定的可预测性，及时处理现有的不足。全面降低建筑工程隐患。建设工程建设责任制的实施具有重要意义。相关技术负责人应当及时，准确地处理现场出现的问题，严格执行施工图纸中的设计内容。

建筑工程施工技术管理在建筑工程中起着非常重要的作用。随着市场经济体制改革的不断推进，中国建筑业也发展迅速。与此同时，建筑公司之间的行业竞争也越来越激烈，再加上同行业中强大的外国竞争者进入中国市场，使得行业形势更加严峻。因此，为了提高施工企业的竞争力，使企业在激烈的竞争中站稳脚跟，必须提高施工工程施工技术的质量管理水平。培养具有优秀能力和质量的团队，降低建设项目建设成本提高工程质量以及企业的社会经济效益。

第六节　建筑工程施工技术资料整理与管理

建筑工程建设中，任何环节都会产生建筑资料，而施工阶段的施工技术资料是整个资料中的核心，对施工技术资料的整理与管理是贯彻建筑工程施工始终的重要环节。文章具体分析了建筑工程施工资料的作用与价值，探究了当前管理中存在问题，并提出有效的解决措施，提升建筑工程施工技术资料整理与管理的水平。

建筑工程施工技术资料整理是指将施工过程以文字的形式记录，并整理成文档的形式；而对施工技术资料的管理则是保障资料内容全面性与真实性的有效手段，随着建筑施工水平的提升，现阶段的建筑工程施工技术资料已不单纯的是指纸张文字，图片、视频等都可以作为技术资料的一部分；而且保存方式也发生了变化，可以直接利用电子文档进行存储。

一、建筑工程施工技术资料概述

建筑工程施工技术资料是对施工全过程的记录，其不仅包括技术应用，还包括施工现场的各项数据，能够从一定程度上反映施工存在的问题以及评估施工质量。而且施工技术资料是施工过程中企业管理水平的直接体现，在施工过程中通过工序、管理措施、质量控制等方面资料直接反映出企业的管理水平与管理方法正确性。另外，施工技术资料还是工程维修的依据，由于其内容真实全面，工程维修环节可以直接找到相应施工内容，根据施工内容合理做出施工维修方案，避免因维修方案不合理，导致影响扩大。

由于施工技术资料对建筑工程有着重要作用，所以对施工技术资料主要有以下几项要求：一是，必须保障施工技术的真实性，施工技术资料必须以施工现场实际情况为蓝本，不能过分夸大内容，或将施工中未出现的内容记录到资料中，从而为工程后期维修、扩建等提供真实的依据。二是，必须严格按照格式进行资料填写，避免出现伪造数据、内容不详实的问题。三是，由各个部门、各个工种、各个工序、各个环节完成施工资料整理后将其上交到专门负责资料整理的部门，对资料内容进行深刻与校对，避免在归档后发现存在问题。四是，保障施工技术资料的全面性，施工技术资料应包括建筑工程基础工程施工、建筑主体结构施工、建筑装饰装修施工、成品、半成品等诸多内容，必须保障内容的全面，才能切实发挥出施工技术资料的作用。

二、建筑工程施工技术资料整理与管理中的问题

目前，由于施工企业对施工技术资料管理的不重视，导致很多施工资料都是在完成施工后总结的，内容的全面性无法得到保障；很多内容都是施工人员凭记忆填写，很容易出现与施工实际情况不符的问题，导致资料内容不真实。同时，施工技术资料中有些内容是

施工现场通过反复试验而得出，但很多施工企业为了提升施工效率，施工试验过程不完善，导致施工技术资料也是去了意义。另外，还存在有些施工企业夸大施工资料内容，为了追求完美，将施工很多未出现环节增添到资料中，导致施工技术资料根本不是建筑施工过程的反应，从而无法发挥出施工技术资料的价值。

三、建筑工程施工技术资料整理与管理措施

要做到及时搜集资料。由于建筑工程施工环境复杂、施工事项过多，很多工程还涉及交叉施工，所以其与施工规划上可能会出现差异，而为了保障施工技术资料的全面性，需要资料管理人员在施工过程中及时与各个施工部分取得联系，对施工现场进行全面把控，及时跟踪各个工序的进度，必须将当日完成的施工信息全部搜集到，从而及时整理资料，出现内容不明确的情况，也可以及时找到施工人员进行了解。因此，建议从项目规划环节开始，都要坚持今日事今日毕的原则，保障施工技术资料组整理进度与施工进度相符。并且施工技术资料管理人员要认识到一旦资料内容出现问题，其也会对后续资料造成影响，缺少某个环节的资料，会导致资料的不完整。

制定施工技术资料管理制度，制度主要从施工资料整理以及管理两个角度出发。整理要求必须及时、准确、全面，管理上要求工作人员认真校对资料内容，发现异常要及时处理；严格根据资料填写要求进行资料整理，禁止出现个人伪造数据信息的行为；完成资料整理后，要对资料进行归档，可以分阶段或分类型进行，归档的资料不能随时进行查看，如果各个部分发现资料中存在错误，要向上级部分申请对资料进行更改。而且为了提升施工技术资料管理水平，资料的负责人必须明确，一旦资料出现问题，直接向负责人了解情况，并做出相应惩罚。

落实国家规范标准，保障施工技术资料的规范性。我国对施工技术资料的整理与管理有着明确的规范，并对施工技术资料的修订与补充提出了具体的格式要求，必须严格按照要求进行操作，从而才能保障资料有效的更新。

不断提高资料管理人员的能力与综合素质。资料的真实性与其全面性是对施工技术资料整理与管理最基本的要求，所以，管理人员必须具备专业的素质与能力，要对施工的基本施工技术、工程施工使用的工艺、材料鉴定等知识有所了解，能够在整理资料过程中，根据各个部门提供的资料判断资料内容的真实性与可靠性；并且明确施工工序与流程，及时发现资料中缺少的部分。

综上所述，真实、完整的施工技术资料是施工质量、施工管理水平的直接反应，也是施工维修、扩建的主要依据，为此，必须认识到施工技术资料的重要性，不断强化整理与管理能力，在开展施工技术资整理与管理工作中及时进行工作方法创新，提升工作效率与工作质量，保障资料内容充实、可靠，从而强化企业内部实力，促进企业更好更快发展。

第八章 建筑工程测量技术概述

第一节 建筑工程测量技术的问题

数字化测绘技术对于建筑工程动工测量技术具有非常重要的作用，其主要发挥两方面的作用：一是对于建筑工程图的测绘，另一个是地形图的测绘。测绘技术在动工测量当中已经经历了很长一段时间的使用，其对于测量人员也有着一些基础性的要求，如测量人员要确保自己能够进行脑力与体力的有效融合。本节分析了建筑工程测量技术的问题，然后结合具体工程实例，阐述了建筑工程测量质量控制。

相对来说与传统的测绘技术来说，目前的测绘技术的难度是比较高的。传统的测绘技术所涉及的产品相对而言比较简单，其难以适应当前建筑结构的复杂特点。当前的数字化测绘技术当中融入了 CEOMAP 系统，此系统能够实现野外搜集和处理测绘仪的有效结合，从而构成一个自动化的测绘体系，进行测量数据的采集和处理，以更好的保证测量数据的准确性。

一、建筑工程测量的相关工作

（一）勘测设计环节的工作

对于建筑工程来说，其在具体建筑与规划过程当中，必须要紧密结合两个方面的要素：一是自然环境，二是预期目标。勘测设计环节就是测量工程、水文地质勘探与水文测验等等，对于一些大型的特种工程或是所处地质环境不好时，比方说土区域比较膨胀的工程建造。第一个工作环节就是进行对地层的稳定性进行相应的检测，通常情况下，在工程项目规划设计的过程当中，所需要的地形图比例尺都不是很大，通常情况下会达到 1∶10 000 到 1∶10 万的国家地形图比例，对于那些相对而言比较大的工程，一般要借助于专门的测绘区域性或是带状性地形图。比较常用的就是航空摄影学测量方式进行测图。

（二）阐述动工建设方面的测量工作

建筑工程的设计工作也是非常重要的一个环节，设计需要经过诸多环节才能够进行正式施工，包括论证、审查与批准等等。首先，应该对工地的地势、地质环节、工程具体性质有一个充分的了解；其次，应该结合动工的具体要求，采用相应的施工办法，将施工图纸上所包括的抽象几何实体在现场当中进行标定，进而将其转化为几何实体。这也就是人们常讲的动工放样。动工放样的工作任务比较重，同时对于动工建设也有着非常大的影响。在动工的过程当中一定要采取相应的措施来确保其质量。对于动工测量而言，必须要对几何尺寸做好相应的控制。

（三）注意建筑测量合理性

在工程建筑物具体修筑的阶段，要保证工程的安全性以及稳定性，就必须要确保设计的科学合理性，要采取科学的办法对设计理论进行验证，了解工程的动态变化。例如水平位移、沉陷、倾斜、裂缝与震动等各个方面都需要进行严密地检测，这个过程也就是常说的变形观测，要想保证大型机械设备能够正常稳定地运转，就必须要将检测与调校工作做到位，同时还必须要建立相应的变形监测体系。

二、数字化测绘技术的使用前景

（一）在建筑工程测量定位中使用数字测量技术

建筑工程投资建设中的主要部分就是建筑物的测量定位，此环节工作的有效开展可使工程正常开展，对建筑物实施准确有效地测量定位是建筑工程的基础。在现代数字化测量技术的使用过程中，GPS技术的使用效果是最明显的，其测量效果要比人工精确很多，其主要特点是连续性、精度高，数据信息误差非常小。除此之外还有一大优点就是动态、静态互动接受卫星传来的信息，进而实施高效、精确地分析，实现对工程建筑物的准确定位，从而使得建筑工程施工有条不紊地进行。

（二）在建筑工程实际施工中使用数字测量技术

在建筑工程的测绘中，数字测量技术的使用越来越广泛，这是因为现代数字测量技术的发展与时代发展相符，数字测量技术可使得建筑工程测绘的劳动强度有效降低，进而促进工作效率的提升，还可使测量工作的质量得到保障。此技术可通过许多专业设备来完成，比如电子经纬仪、全站仪、自动跟踪全站仪等等，这样可使得实时动态的定位效果更好的实现，有助于数据采集、分析、编程以及自动绘出详细的图像，从而实现测绘工作效率的提升，这对于整个工程项目工作效率的提升有一定的积极意义。同时，数字测量技术的数字化、自动化的实现也使得测绘精度和整个工程项目的质量有所提升。数字测绘技术在现代建筑工程测量、测绘工作中取得的成效比较明显，在以后测量测绘技术发展会越来越好。

（三）在建筑变形监测中使用数字测量技术

在采石、采矿中，数字成像测量技术的使用越来越广泛，由于现代科学技术的进步，在建筑工程变形检测的工作之中，数字成像技术的地位越来越重要，通常探测到的二维成像数据可以使用计算机对相关参数实施分析，进而对建筑物的沉降、位置的变化进行有效掌握，特别是建筑物整体倾斜度实施准确的评价。

三、工程案例

（一）工程概况

某建筑，高度达到 38.95 m，建筑面积为 19 473 m^2。建筑物形状呈"一"字形，基底标高为 -12.6 m。

（二）测量的初期相关事宜

首先，需要了解建筑物局部的标高，进行动工图轴线尺寸的核对，充分掌握相应的结构与高度之间的情况；根据施工图纸的内容，进行施工现场的勘察，了解清楚坐标、高程与相邻建筑物之间的具体关联；对仪器设备的各项指标进行检定，确定完全合格之后才能够投入使用，只有这样，才可以确保测量数据的精准性。还应进行测量工作人员的安排。

（三）对建筑物实行定位放线

因为该工程在进行土方开挖动工的时候，施工方在初期就进行了定位放线与高程控制，在进入施工现场以后应该进行全面认真审查，并做好相应的记录，再经过验收与复查，确认达到相关方面的要求以后，应该将结果上交到监理处进行查验，结合工程的定位以及高程点，进行工程轴线控制网与相对高程的确定。

（四）基础动工测量有关工作

在进入到施工现场以后，人们可以将相对标高调整到基坑的侧壁上面，因为该工程基地标高为 -12.4 m，如果采用塔尺进行抄测的话并没有较为明显的效果。在进行标高控制桩设置的时候，一般需要将其控制为 3～5 m；垫层施工之前采用测量技术的时候，应该按照坑底轴线控制桩在两侧挂上小线，通过利用线坐标将全部的轴线都吊至坑底，通过复核以后，将垫层外边线、消防水池、集水坑边线放出。

（五）建筑主体动工中的测量有关工作

建筑主体动工中的测量有关工作有：①在对地下室顶板实施封顶之后，主体动工之前，人们应对全面校检建筑物的控制网，效验没有任何问题之后就可以进入首层定位放线；②在建筑物周围和中间轴线控制桩上，铺设经纬仪，之后向第一层地面投测轴线，将建筑物轴线尺寸进行复核，通常人们选用的工具是钢尺，其控制范围为 ±10 mm，对于中间轴线要实施整尺分出，掌控好轴线放出的柱边线、电梯井、楼梯间边线和控制线；③楼梯测量放线的工作：各个楼层的厚度为 6 cm；楼梯放线的过程当中，要复查考核楼梯间的尺寸，控制好上下楼层之间的尺寸为 ±50 cm，对中心平台上下标高与台长度也要确切的把握，梁的位置一定要在双侧混凝土墙上弹出墨线，各个踏步一定要根据上下平台标高和踏步高宽设置。

建设工程测量工作是我国建筑工程项目中不可或缺的一个环节，对于动工质量的提升有一定的作用，因此，一定要把建设工程测量工作做好，这样才会推动企业的市场竞争力和经济效益的提高。

第二节　建筑工程测量技术及测量要点

改革开放政策的施行，使我国经济的发展发生了翻天覆地的变化。建筑行业是我国众多行业中的一个热门行业，建筑行业的发展给我国经济的发展做出了重要的贡献。当前，随着人们生活水平的大幅度提高以及我国政府对于建筑质量的要求也在不断上升，因此，对于建筑企业来说，必须要保证建筑工程的质量。为了减少已经完成的建筑与图纸的设计之间的偏差，在建筑工程的施工过程中，要很好的使用测量技术。本节重点分析建筑工程的测量技术以及在建筑测量中的要点。

一、建筑工程测量的意义

（一）影响着建筑工程的质量

建筑工程的测量技术其最大的意义便是在于对工程质量的影响。建筑工程的测量，即在建筑工程施工时，对于已经完工的部分进行测量，使得已经完成的建筑工程能够满足起初设计的要求，尽量减少偏差，这样同时也能保证工程的质量。在建筑工程施工前对工程进行测量，可以实现观测建设定位的准确性，这样便于以后对于工程的建设。在建筑施工的过程中，对建筑工程进行测量，可以保证建筑工程的质量，同时也能够检查建设的工程与图纸设计之间的吻合度。一旦测量的数据不准确，或者建筑在建设过程中，与原设计的偏差较大，那么势必会不满足要求，需要进行整修，那么这也在一定程度上会增加建筑的成本。

（二）科学展开测量工作

在当前科技发展日新月异的今天，将测量技术作为建筑工程的重要方面进行对待，显得格外的重要。因此，对于企业来讲，必须要增加在建筑工程测量技术这方面的投入，需要多投钱，要不断地实现测量设备的革新。同时，建筑工程的测量技术对于技术人员的要求较高，因此，企业还需要对技术人员进行不断的培训，要不断增强技术人员的意识，从而实现测量质量的有效性，这样不仅能够保证工程测量的质量，还能确保施工的有效持续发展。

(三)影响着企业的营收效益

我们知道,一旦建筑工程施工过程中,已经完成的工程与原设计中有着很大的差距,那么这样的工程肯定是不合格的,这样就会使得建筑工程进行重新施工,那么这样一来,对企业来说,建筑工程的建设成本增加,对于企业来讲便是额外的支出,这样很大程度上影响着企业的效益。同时,这样的情况对于企业的名誉也是十分不好的。在当今的建筑行业中,建筑企业的竞争十分激烈,很多时候,建筑项目都是通过招标进行,因此,一旦发生这样的事情,企业的名誉不仅受到影响,还会降低企业的竞争力,这样势必会减少企业的利润。

(四)影响着工程建设的进度

测量技术也一定程度上影响着工程建设的进度。测量能够为施工的开展提供数据的支持,能够有效地保证工程施工的进度,使得企业的施工按期完成。同时在施工过程中进行测量,能够保证工程阶段性的符合要求,那么在接下来的项目中施工队伍能够安心地进行下面的项目,从而可以更好地完成项目,这样的工作方式使得企业能够动态的调整工程项目的周期与进度。

二、建筑工程测量工作中常见的问题及其分析

(一)测量设备的使用存在问题

当前的建筑工程测量工作中存在的一个问题便是测量设备的使用问题。我们知道,当前我国对于建筑工程的建筑质量的要求越来越严格,因此,要想保证工程的质量,必须要很好的使用好测量技术。但是,在对建筑工程进行测量时,我们并不是依靠人眼,而是依靠先进的测量设备。因此,必须要在建筑工程中使用先进的测量设备,而且设备还应该不断更新,这样对于使用该设备的技术人员来说也具有更高的要求,需要对整个测量过程有着深入的了解,将测量工作有效地在施工过程中进行开展。

(二)测量质量监督管理方面存在不足

建筑工程中的测量技术还存在着测量质量监督管理不足等问题。因为大多数的建筑工地对于施工管理要求不是很严格,很多的建筑工地中都是在建筑项目快要完工时才会要求测量人员对其进行检测,这样如果建筑存在问题,那么可以说是为时已晚,很多部分需要进行重修,不仅加大了修整的难度,也增加了额外的成本。

(三)人员流动大,设备管理乱

建筑业发展壮大的背后,也离不开工人们的辛苦劳动。在建筑工程的施工现场中,测量技术人员的工作条件是较为艰辛的。而且,建筑工程的建设周期较长,在这样艰苦的环

境中工作，人们很容易会产生厌烦的心理，因此，很多的建筑测量技术人员因为在外工作或者环境的艰辛，他们会经常性的更换工作，这样企业的测量技术人员的储备就很难充分保证。而且，在很多的企业中，他们在对于测量设备的管理这一方面不重视，甚至不少企业在测量设备的管理方面还存在着诸多的问题。因为没有很好的保护管理好测量设备，这样很容易造成测量设备的破损，这样在以后的建筑测量中，会严重影响着数据的准确性。

（四）测量技术人员能缺失或者其能力不足

在现在很多的建筑企业中，还存在着缺乏全职的过程测量技术人员或者企业中不少测量人员的能力较为欠缺，这样在建筑工程的施工过程中，因为相关技术或者能力的欠缺，一些问题不能及时发现，这样对于工程的建造就会产生很大的影响，同时，对于企业的效益也会有一定的影响。

三、建筑工程测量的要点分析

在建筑测量中，其要想保证测量的准确性，确保测量的数据正确，其需要确定建筑物桩基的定位。在进行建筑物桩基的定位工作时，可以将最近几个墩位点通过导线进行连接，从而确定三个方向，尽量保持转角在900以下，保证拨角跟踪保持直线，然后进行定位，这样定的位较为精确，那么测量出的数据较为准确。

本节重点分析了建筑工程的测量技术以及测量要点。首先分析了建筑工程测量技术对于建筑施工的意义，然后提出建筑工程测量中的问题，最后简单介绍了建筑测量工作的要点。在科技不断发展的今天，在建筑施工中测量技术也要跟上时代发展的步伐，保证测量结果的准确性。

第三节　建筑工程测量技术应用实践

近年来，随着我国科学技术的发展，建筑工程测量技术也跟随时代的潮流得到了进一步发展，并且在一定程度上推动了我国城市化建设的进程。由于我国是个人口大国，随着国家经济的增长政府将越来越多的资金投入到了建筑工程项目中，而工程测量技术则是城市建设中的一项重要技术。本节主要从测量技术在工程建筑中的运以及工程测量在主体结构施工阶段对工程质量的必要性两个方面对论文进行阐述。

随着信息时代的全面到来，我国的工程技术水平得到了进一步发展，基本达到领先水平。而工程测量技术作为工程技术的重要组成部分，也在这个过程中取得了一定成果。目前我国的工程测量技术在建筑工程中得到了广泛应用，它对于保障工程质量、工程如期完成等方面具有重要意义。下面将具体讲解其在建筑工程中的应用。

一、测量在工程建筑中的作用

（一）控制测量

工程控制网逐级控制方式一般遵循从分级布网、整体到局部的原则来布设。对于建筑物施工过程而言，其定位测量是极为重要的，它关系到整个建筑的施工质量，若是在其定位测量中发生了偏差就可能导致整个工程质量受到影响，在严重情况下还可能发生安全事故，存在重大的安全隐患，这就会给人民带来财产和生命损失。比如，本来图纸上的建筑物的定位是正南方向但是由于工作人员的失误导致其修建方向变为了正北方向，在这种情况下就只能将原来的建筑物拆掉重建，这就造成了巨大的经济损失。所以在整个工程开始施工之前一定要做好定位测量工作，它关系着整个工程的质量，所以其测量精度要求特别高。控制建筑坐标系是施工的基础，为施工过程带来了极大的便利。

（二）工程放样

在给定了一些特征点坐标、建筑物大小、形状以及主要角坐标的情况下，建筑人员能够利用全站仪的放样功能轻而易举地检测出待建建筑地物理位置，找到与设计控制点同一坐标系的点从而顺利进行测量工作，通过将坐标系统引到待测建筑物附近进行定位放样，最后由现场测量工程师将实际测量结果与设计文件中的测绘数据进行比较验证施工放样的具体位置是否正确。

（三）垂直度测量

垂直度测量工作作为建筑工程测量中不可缺少的环节，其最常用的方法是铅直投射法，通过将平面上的坐标进行竖向传递到实际需求位置，然后测量建筑物的垂直度是否满足设计要求，若在设计误差范围内则说明其达到设计要求，若不在则对其视情况进行整改，垂直度测量是整个建筑修建的基础，如果这个步骤发生了错误会对后期建筑物的质量产生极大的影响。

（四）变形监测测量

变形监测的主要作用是确定变形体的位置、形状、大小及时间特征与变化的空间状态在各种荷载和外力作用下的状况。而工程中的变形监测指的是利用相关数据对建筑物的变形状况进行科学严谨分析，分析该变形可能带来哪些不良影响，是否存在安全问题以及是否需要重新施工等等。在工程建筑中变形监测的内容主要由地基的状况以及变形体的性质决定。另外，对于工程建筑物来说，其外部变形监测的主要内容包括裂缝监测、垂直变形监测、水平距离位移等等，检测结束后进行数据分析时需要将内外检测资料相结合进行。除此之外，如果想进一步了解建筑物的内部结构情况等，可通过对钢筋应力、混凝土应力等进行内部观测即可。

（五）建筑标高测量

为了防止塔吊沉降对建筑层面标高造成影响，需要对标高控制点进行反复定期检查。每次引测需遵守从标高控制点引出的原则，这样可以在一定程度上降低累计误差的影响。另外，由于建筑物本身特点，随着建筑高度的提高，测量难度也会相应增加，每次测量时利用钢尺进行分段标高，具体操作方法如下：每升2层，就以10m为一尺段并转换一次，用红油漆在施工现场塔吊上标记倒三角，与此同时要注明标高数据，作为以后层面标高引测依据。

二、工程测量在主体结构施工阶段对工程质量的必要性

在建筑的主体结构施工阶段，工程测量对其具有重大影响，尤其是对施工质量的影响巨大。其测量程序主要包括标高控制、楼板、墙柱平面放线、建筑物垂直度控制、线条、构件的平整度控制等。垂直高度控制测量作为主体建筑施工的重点，不仅要为相关人员及时提供控制、检查以及测量数据，还要做好每层楼的垂直度观测工作，一旦实际垂直度与标准垂直度发生偏差可能会为后期建设留下一个极大的隐患，为了降低该偏差后期可能需要通过装饰阶段进行的抹灰措施来补救，但是一旦抹灰厚超过规定标准可能会导致外墙渗漏等质量问题，严重的甚至会有高空坠物的危险，尤其是对于那些中高层建筑而言，其影响更大。垂直度控制测量能为施工人员提供更细致的竖向控制线，而垂直度控制的好坏是直接反映施工质量的一个最重要的因素，由此可见垂直度测量的重要性。对于施工面积较大的工程平整度的基本要求就是测定一个详细、准确的标高控制系统面。模板施工的总体混凝土面的平整度的保证主要来源于精确的标高控制以及施工人员严格按照施工要求进行施工，其中精准的标高控制是最大的保障，它能为模板施工提供精确的基准点，也能保证混凝土凝结后的平整度。每次混凝土施工完成后的第一道工序就是进行测量放线操作，测量放线的主要功能就是检查上一道工序是否存在遗留问题，如果存在则对该问题进行解决，以免发生问题层层累计现象，使得问题一步步扩大，若不存在问题，或者问题不大对施工质量完全没影响的情况则可以直接进行下一步施工，这就使得建筑物的施工质量得到有效保障，增大项目的安全性，减少安全事故的发生。

目前，随着工程测量技术的适用范围越来越广，其功能和效用也越来越强大，为了促进工程测量技术的进一步发展，其往后必定要朝着智能化、多元化方向进行，只有保证工程施工测量技术提高了，建筑工程的质量才能得到进一步保障，与此同时促进建筑行业的进一步发展。另外，在工程测量技术的发展过程中，还要结合市场需求，进行实用性检测。

第四节　建筑工程测量对工程质量的作用和意义

随着我国经济的不断发展，我国的建筑行业在不断发展，我国对建筑领域的不断深化，对建筑领域的建筑质量的要求也在不断提升。就我国目前的情况来说，对于建筑的质量要求是极其严格的。为了保障建筑的质量就需要经常性的运用到建筑工程测量这一工作。建筑工程测量在建筑施工的过程中对保障建筑本身的工程质量起到了不可估量的作用。这就要求了在施工的过程中要对建筑工程测量工作进行重视，要对建筑工程测量的关键性进行深刻了解，让建筑工程测量可以在建筑的施工过程中得到应有的重视，从而对建筑的质量进行保障。在本节中进行了工程测量对工程施工质量的作用和意义进行探讨。

自我国改革开放以来，我国的建筑行业就在蓬勃的发展，随着一段时间内垃圾建筑的大量出现就导致了我国对于建筑的质量的要求越来越严格，但这也是建筑发展中的一条无法被避免的结果。那么用什么方式去保障建筑的质量与安全，应该利用建筑工程测量的成果及分析，对建筑的质量与安全的保障提供基础数据，在进行建筑物的施工时就要不断地对建筑物进行着建筑工程测量，从而对建筑的质量进行测定，不合格对的地方进行及时的拆除或整改，让建筑物的整体质量得到提升。

工程测量就是在进行施工的阶段内，在进行勘测设计与施工等阶段需要进行的多种的测量的理论、方法与技术的统称。对于我国当前建筑行业内部的工程测量可以分为测量工程静态、动态、几何和物理，还可以对测量的结果与数据进行自主分析，自动生成未来的发展趋势。

一、测量工作对施工质量的积极意义

测量的工作分为不同的阶段，每一个阶段的实施都有着不同的作用。在施工前进行工程测量工作，可以防止进行铺设钢筋时发生偏移的现象，可以保证砌筑混凝土建筑物的垂直程度，对于门窗的位置进行精确定位。当建筑物进行测量后就可以提供给不同需求的建筑人员不同的建筑数据，给予他们施工中的数据参考，让施工的质量于精准程度得到保障。在这样的情况下，一旦工程测量出现了问题或者工程测量的数据不准确，就会对整个建筑的整体的施工质量产生很大的影响，造成整个建筑的施工总质量下降，一旦测量的数据与真正的数据差距较大甚至会带来建筑的破损、倒塌等严重的危害。严格、精准的测量的工作才能对建筑物的工程质量提供良好的基础数据，良好的测量工作所得数据可以给正在施工的工作人员提供数据帮助，给正在进行质量检验的工作人员参考的依据，当数据出现问题时就要对已经出现的问题进行修正，在这样的情况下建筑工程的质量就得到了保障。

二、工程测量对建筑工程质量的作用

（一）在建筑定位及基础施工阶段的作用

在进行施工的准备阶段中，应在施工地点对照着施工的图纸以及实际施工现场的地貌进行定位及测量控制，对施工建筑准确定点的判断，施工前的准备工作是极其必要的，对于施工前测量的数据的要求也很高，要求精确程度高，当前期的准备工作中出现了测量的误差后，就出现了一个威胁建筑总质量的源头误差，会对后续的工作都造成很大的影响。如果在前期的测量中出现了很多的不精准数据，很有可能对后期的工程造成极其大的影响，让建筑方承受较大的生命财产损失。在进行基础的施工时，最重要的就是桩基位置的数据，在进行有关于基础工程的测量时要保证其精准程度，一旦建造后发现桩基出现问题，原承台的建造也就会出现问题，让施工的成本产生较大增加。如果原承台出现问题，势必要将重新进行桩基定位和补桩，让建筑的质量恢复到原来的水平。并且对于垫层和桩头标高的测量也有着极高的精度的要求，是对整个建筑物稳定的保障。

（二）工程测量在主体施工阶段的作用

当建筑工程的施工已经到达主体的阶段时，对于工程测量的重要性就又一次的得到凸显，在进行墙柱的位置、角度以及建筑物整体的垂直度、建筑物的标高等都需要进行大量的测量作业。在众多建筑物的主体工程中，对于墙体测量放样的测量作业是重中之重，其测量的结果可以展示建筑物的垂直度，而且数据还会对之后的墙柱工程于模板工程产生较大的影响；在进行测量墙体平面放样的数据时，不仅仅是一次施工质量的检查工作，更是为下一步的施工提供大量的数据，如果检测中出现了问题还可以及时的修改，对建筑的整体质量进行保障。不仅如此，在进行对建筑物的标高测量控制方面，对于测量的建筑物标高、建筑物的平整程度都有着很大的需求。良好的平整度才能继实施模板工程于混凝土工程，对整个工程的进展打下好的基础。

（三）在装饰装修施工阶段的作用

在进行建筑工程施工的装饰装修阶段时，工程测量的主要的作用就是解决工程前期的主体遗留问题，在进行测量后发现质量上的缺陷，提出合理的数据进行有效的修改。这个阶段的测量过后就会将工程进行交接，这个阶段就是施工中的最后的检测阶段，对于建筑物的总体质量有着很强的控制作用。在建筑工程施工的装饰装修阶段需要测量的数据有很多，比如说室内外地表面的标高、内外墙体的垂直度，内墙的平整度等。室内外的标高可以间接地反映出整个建筑的平整度以及垂直度，需要做到建筑数据的精准的测量。

在工程中许多的常见问题都可以通过对工程的测量进行查找，而对于这些问题的发现与解决均离不开测量人员对于整个工程的精准测量。如果在进行测量工作中由于某些因素出现了测量的误差势必会对整个工程造成很大的影响，而且严重的时候会造成较大的生命财产损失。这也是精准进行测量工作的意义所在，尽可能避免此类的事情发生。

第九章 建筑工程测量技术实践应用研究

第一节 现代建筑工程测量技术的运用

建筑工程测量对工程建设有着重要的意义，是工程建设的必要条件。越来越多的技术被应该用到现代建筑工程测量工作当中，目前在工程测量当中主要应用和推广的技术有：GPS、GIS、数字成像测量技术等。技术的引入提高了测量精度、降低测量工作难度、为后续工程的进行做好的铺垫，也是工程质量的可靠保证。现代建筑工程测量技术的发展凸显了综合化、数字化的特点。新技术的应用为工程项目的顺利开展提供了有力的保障。

如今，我国经济的快速发展为基础工程建筑行业提供良好的发展环境。行业的发展也对如工程的测量、设计、施工提出了更高的要求。工程测量工作是工程设计、建筑施工的重要基础工作和前提，工程测量质量与工程建设质量息息相关。在实际工作当中，针对现场情况合理科学的选择应用测量技术成为建筑施工企业和专业测量单位的主要研究命题。为了保证测量工作的准确有效，企业应该掌握现代测量技术信息，深入学习现代测量技术特点，把握其将来发展趋势，增强企业解决工程问题的能力，增强创造力，通过引入、发展、创新工程测量技术来提高测量工作效率、工程测量质量，为整个项目工程质量提供有力保障。

一、建筑工程测量的具体内容

（一）建立建筑测量网络

建筑测量网络是指叠加于有用的建筑测量的网线上，建筑测量网络的作用是阻止一些测量上的错误，使原来有用测量规划中的控制网发生畸变，从而影响和破坏测量设备或系统正常工作的变化量。建筑测量网络是测量仪器仪表的测量工作基础，建立有效的网络可以降低一些不必要的干扰，例如混在控制网之中的干扰，它使仪器的有效分辨能力和灵敏度降低，从而导致测量结果存在误差，严重时，可能使显示超出量程，使仪表根本无法工作。这些都建筑测量网络的建立的重要性，也是建筑工程测量技术的核心应用。

（二）对建筑物的定位测量

根据对建筑物的定位测量的对建筑测量工作来说，对建筑物的定位测量是属于对建筑有一个很好的方位测量的重要因素，而传统的一些对建筑物的定位测量技术不能够高效率高质量的对建筑进行有效的定位测量，因为在科技进步而不断的变化着的条件下人们就对建筑有了比以往更高的要求。而根据近几年我国对建筑物的定位测量技术来看我们应该要开辟新的对建筑物的定位测量技术来满足我国的建筑工程测量技术的发展。对建筑物的定位测量有很多种方法，我们要针对建筑物挑选合适的方式发法来进行工程测量工作。

（三）仪器安装正确的位置

在对建筑进行测量工作时，对测量仪器的摆放位置和安装都有这严格的要求，对于位置问题，个人认为正确的位置是对建筑测量的结果准确度的一个基本的要求，所以说，对于仪器位置也是要我们进行精心是测量得出了，可见这对建筑测量的重要性。

（四）分析测量结果

首先我们先对测量结果的数据进行有效的分析，测量结果分析建筑的内部结构、布线结构、电源设计等等的环境的建筑施工技术，面对现在的建筑行业的发展，测量结果分析设备的分析确切因素也在跟随者周遭环境的变化而变化着，所以我们就需要对测量结果进行灵活的分析和对测量技术预先设计好规划。

二、建筑工程测量技术的应用

（一）GPS 测量技术

GPS 测量技术是目前应用较广的测量技术，它主要是通过特定仪器和设备来捕获 GPS 卫星信息，在经过相应处理后获得测定点的三维坐标。该项测量技术因其操作简便，自动化程度高，测量定位准确等优点，受到各工程测量单位的广泛推广和应用。当前，GPS 测量技术在建筑工程测量上的应用主要有两种方式，即：静态和快速静态定位测量方法。前者主要是将 GPS 定位中的接收机天线架设为静止状态，从而确保测量定位的高精度性，例如：建筑工程的定线以及基础测量等工作都属于静态定位测量。而后者则主要是利用载波相位来测量待测点，因为载波相位本身就具有较高的精准度，且只需要一个或者少数的几个历元的观测值，就能很好地满足测量定位的高度精准性。

（二）GIS 测量技术

GIS 测量技术当前主要用于城市水利工程、城市规划工程以及建筑工程测量，它是集地理数据采集、储存、数据管理及分析，三维坐标可视化和数据结果输出为一体的一项现代测绘技术。GIS 测量技术在建筑工程测量上的应用，主要是利用该城市中原有的信息和数据，将建筑工程的测量绘制成图，从而提高建筑工程测量工作效率，同时也降低了野外测量的具体工作量。由于 GIS 测量技术具有高的精准度、较低的测量工作量以及操作简单等特点，近年来，已受到广大建筑工程测量单位的青睐，并得到很好的推广和应用。

（三）数字成像测量技术

与前两者技术不同，数字成像测量技术主要是利用计算机系统来实现的，从二维中提取出三维信息，并通过在测定点拍摄多点影响及数据来完成测量工作。该项技术经常用于测定区域地形较为复杂，且测量的放线工作比较困难的建筑工程测量中。同时，当前由于数字成像测量技术的成熟以及相关设施的不断完善，数字成像测量技术在建筑工程中的各个领域都得到了很好的应用。它为我国建筑工程测量中的多点影响的拍摄以及从计算机中提取相关的变形参数，提供了很好的技术支持。该项技术能很好的、客观的评价建筑工程测量中的垂直位移、基地的水平位移、倾斜程度以及弯曲程度，从而能很好的确保建筑物在使用上的安全性。

三、优化建筑工程检测技术运用的措施

（一）加大对先进技术设备的配置和管理力度

首先要转变建筑工程企业领导层的观念，使其明白先进技术设备的投入给企业带来的好处远远大于给企业造成的损失，从而从思想源头加强对先进技术的投入。要加强对建筑工程质量的监理控制，从而确保建筑工程测量质量；要明确监理部门的职权，使其工作分配到位，从而尽量将各项工作落到实处；在建筑工程建设的监理管理中，要将工作落到实处，切实管理好建筑工程测量工作以及测量成果，这样才能加大管理力度，加强企业的竞争实力。

（二）加强测量人员队伍建设

在当今技术盛行的情况下，人才的需要就显得尤为重要。企业发展需要人才，而人才的成长则需要培养。因此，为了加强测量人员的素培养，培育出一批专业的、高素质的人才，建筑企业管理者必须要树立起"以人为本"的理念，要充分发挥出人才的作用。平时可以教导测量人员自身通过学习或参加一些讲座来提供自身的业务素质；企业可以定期举行一些先进技术知识讲座，使其测量人员能熟练地掌握和使用先进技术下的测量方法和技能。

（三）加大对测量人员先进技术的培训力度

测量人员素质的高低决定了其工作的态度及能力，而测量人员的专业水平的高低，则直接关系到测量数据的精准度，关系到建筑的安全性能问题。因此，建筑企业有必要加大对测量人员的先进技术及专业知识的培训力度，使其具备良好的专业知识及掌握先进的技术技能。为此，企业可以请国内外相关专家为测量人员进行相关知识宣讲，或采用知识竞

答方式培训测量人员对专业知识的掌握程度，从而确保测量人员对先进技术的掌握程度及使用程度。

综上所述，中国国内建筑工程测量技术的不断发展和扩大，其要面对的建筑工程测量技术也不断在革新和变化中日剧加强。再这样一个建筑工程测量技术的到来我们必须加强和改变原有的建筑工程测量技术模式和战略，要敢于接受新事物以全新的面貌、全新的发展方向、动力去迎接和挑战新环境新技术。

第二节　BIM 技术在建筑工程施工测量中的应用

BIM 技术结合新的测量技术将会提高土方工程量计算的效率与准确度，使建筑物监测结果更加直观，施工测量放样更加高效与智能化。BIM 技术必将带来施工测量的可视化、智能化同时满足测量精度的要求。

随着 5G 的发展和大数据时代的到来，BIM（建筑信息模型）技术在建筑行业正在大力推广。BIM 技术运用于项目的全过程将带来设计效率的提高、项目管理水平的提升、项目成本的降低，同时为绿色、安全、文明施工管理提供一种新的途径。

一、BIM 技术简介

BIM 是 Building Information Modeling 的缩写，中文意思是建筑信息模型。它是把建筑工程中的各个阶段的各类信息储存在建筑模型中，背后是一个强大的数据库。在工程项目的全过程管理中，利益各方都可以通过模型提取、查看、编辑相关的信息，提高各方的工作效率，同时为各个参与方提供了一个共享信息的平台，对项目的全过程、全寿命周期管理具有重要的意义。

在规划设计阶段，通过现场场地三维模型，可以精确计算土方量，通过土方调配，以此来合理确定建筑物的室外地坪高程。通过建筑信息化模型可以模拟消防火灾、紧急情况疏散、日照节能分析等，还可以通过 BIM 模型协助建筑、结构、设备优化设计，减低后期出现问题的概率，提高设计的准确度。

在项目实施阶段，通过对建筑构件的三维模拟施工，可以虚拟检查施工过程，指导材料的进出场和下料长度，合理布置施工现场，避免材料的浪费和人员窝工。为以后的建筑物联网提供基础信息数据。

在运营阶段，通过 BIM 技术可以了解设备运营状况，为检修提供基础数据，同时也可以模拟与控制运营过程。

总之 BIM 技术是一个为建筑项目各个阶段服务集中了各类信息的大数据库。而这些信息也会应用到建筑施工测量中。

二、传统建筑施工测量的特点

测量工作遵循的基本原则为"从整理到局部,从高级到低级,先控制后碎步,步步有校核"。在进行施工测量时先要布设施工控制网,进行平面控制点和高程控制点的测量工作,然后以控制点为基础进行建筑轴线、墙线、梁线等碎部点的放样。具体的实施步骤为:熟悉施工图纸,找出关键控制点坐标信息,根据施工图纸坐标信息转换建立施工坐标系,根据图纸计算出放样点坐标系,整理所有放样点信息然后进行测量放样。

三、BIM 技术在土工工程中的应用

土方量在整个工程概预算与设计方案优化设计中起到重要作用,而传统的手算土方工程量计算程序复杂,误差较大。而 BIM 技术运用场地测量数据建立三维模型能实现比较精确和快速计算土方量从而为设计和投资抉择提供参考。

利用测量数据结合 BIM 软件建立建筑场地地形曲面,通过编辑挖方与填方形状的编辑,软件会建立新的地形高程点,利用原有高程点与新高程点的曲面数据进行土方量的精确计算。经过试算后确定设计结果,可以直接输出土方施工图指导土方施工。

(一)BIM 技术在工程监测中的应用

BIM 技术作为一个集成各类信息的建筑模型为各方的管理提供了基础信息,以提高参与各方的管理效率。BIM 技术运用到工程检测中,运用监测数据的三维坐标与时间信息与原有 BIM 模型可以快速查看位移与高程的变化情况,预测工程的位移与沉降。并且不需要对测量数据进行复杂的、专业的软件进行处理,建立不直观的图表进行分析。通过三维模型的比对可以很形象直观地查看工程的变形情况,并可以通过动画对工程的后期位移变化进行预测。通过三维模型可以很快很清楚的查找出危险点,为提供应急预案提供基础。项目各参与方的专业程度参差不齐,而 BIM 技术降低了专业化程度,使监测成果以及变化趋势很直观展现出来,各参与方都能很清楚地看到检测结果。

(二)BIM 技术在施工放样中的应用

施工放样贯穿于建筑工程施工的整个过程,施工放样的精度和效率将直接影响建筑工程的施工质量与施工进度,由此可见施工放样在整个施工过程的重要性。施工放样已经有很多很成熟的方法,但随着 BIM 技术应用的不断深入,也必将对施工放样产生革命性变化。

BIM 技术应用将改变以前放样采用二维图纸通过计算而得到放样点的坐标数值,直接通过建筑三维模型提取放样点坐标信息,通过相应的测量设备直观、方便地将待放样点测设出来。并且可以通过测量机器人、GPG RTK 测量现场特征点或控制点与 BIM 模型坐标系的自动转换实现施工现场每层的自由设站,可以减少传统投射测量的累计误差。在测量机器人中导入建筑结构模型,实现测量工作的自动化,提高测量准确度与效率。传统施工

放样至少需要 2 人完成，而 BIM 技术结合测量机器人只需一人就可以完成整个测量工作，并且不需要大量的计算和人的观测，这就可以尽量避免人为误差。拓普康的测量机器人和 AutoDesk 公司的 BIM 360 Layout 软件就能实现测量的自动化。使施工放样工作的效率和精度大幅提升。如放样 650 米墙，60 根墩柱和 60 个地脚螺栓，传统测量放样方式需要 20 工人超过 7 天时间完成放样工作。而采用基于 BIM 的放样机器人，1 工人只需一天就完成放样。

建筑工程项目全寿命周期和全过程管理中正在加快推广对 BIM 的技术应用，BIM 技术应用于测量也是未来测量学科发展的必然趋势。而随着如 GPS 和测量机器人等现代测量技术水平的提高，建筑施工测量最终将实现测量工作的自动化、可视化、无纸化、智能化，同时测量精度和测量效率也会大大提高。虽然 BIM 技术在建筑施工测量有广阔的前景，但我们仍然要看到也面临一些挑战，这些挑战来自测量技术本身和 BIM 技术应用。

第三节 测绘测量技术在建筑工程施工中的应用

随着社会经济的改革与科学技术的不断进步，推动着国内各个行业的持续稳定发展，测绘工程作为新时代科学技术研究所产生的技术，在建筑工程施工中的应用尤为普遍。测绘工程技术的精确程度会直接影响到整体建筑工程的施工质量，能够有效提升建筑工程行业的发展速度，保证建筑行业在市场上的利益收益。因此，本节将以测绘测量技术在建筑工程施工中的应用为课题展开分析，通过对测绘测量技术在建筑工程施工中的应用中所产生的问题进行深入研究，并且制定有效的解决方案，帮助建筑工程施工的有效开展。

建筑作为人们的办公和生活的场所，整体的建筑质量是保证人们安全性的前提。建筑工程项目的施工质量必须保证整体施工完成后的质量，如果施工后的质量出现了问题会对建筑产生严重的影响。目前对建筑质量产生影响的因素有测绘技术的质量、施工材料的选择与采购材料的质量、整体的施工工艺等。测量技术作为保证建筑物整体质量的前提，既是在开展建筑工程施工的基础工作，也是前期制定整体施工方案的必需条件。只有保证了测绘技术满足建筑工程的质量以及精度要求，才能使得建筑工程的施工环节可以顺利进行。

一、针对测绘工程进行概括与分析

测绘工程，测量空间、大地的各种信息并绘制各种地形图。以地球及其他行星的形状、大小、重力场为研究对象，研究和测绘的对象十分广泛，主要包括地表的各种地物、地貌和地下的地质构造、水文、矿藏等，如山川、河流、房屋、道路、植被等。通常开发一片土地或进行大型工程建设前，必须由测绘工程师测量绘制地形图，并提供其他信息资料，然后才能进行决策、规划和设计等工作，所以测绘工作非常重要。通常见到的地图、交通旅游图都是在测绘的基础上完成的。

进行大型工程建设前，必须由测绘工程师测量绘制地形图，并提供其他信息资料，然后才能进行决策、规划和设计等工作；在工程建设过程中，也经常需要进行各种测绘、测量，以确保工程施工严格按照方案进行；工程完工后，还需要对工程进行竣工测量，以确保工程质量。因此，工程测绘贯穿整个工程建设过程，所起的作用非常重要。

工程测绘行业的上游产业包括测绘仪器行业、计算机信息行业和航空航天行业，这些产业的发展为工程测绘行业提供了仪器、技术和方法；而工程测绘行业的下游产业笼统地说就是基础设施建设，具体包括房屋建筑工程行业、矿产勘查开发行业、轨道交通工程行业、公路工程行业、铁路工程行业、水利工程行业、市政工程行业、海洋工程行业等，这些行业的发展为工程测绘提供了市场需求。

我国工程测绘行业的业务承揽一般通过招投标方式进行，承揽模式有总承包、分包等形式。随着我国工程测绘行业市场化改革的推进，测绘工程项目的成本核算与控制、项目质量控制愈发重要。而且大量的测绘单位是事业单位，在市场经济发展的背景下，面临更多改革问题，如事业单位改制等。进行合理、及时的改革对部分测绘事业单位的发展，急迫而关键。工程测绘市场规模增加的同时，也给行业带来技术、理念、业务上的转变，测绘单位必须把握趋势，主动应对。

二、针对建筑工程施工中的测量技术应用进行分析

（一）对测绘工程在建筑施工中的步骤进行了解

建筑工程的测量工作流程较为烦琐以及复杂，需要在进行操作的过程中必须按照有关的规定规范执行，否则会浪费较多的时间成本。一般的情况下，建筑施工的整体测量工作有以下几个环节：

一是，在需要测量的地区布置控制网，保证后期测量工作的有效进行，让测量的结构能够更加准确。二是，在布置好的控制网上进行放样处理，确定整体的施工方向。三是，建立好的控制网进行测设，需要使用一些测量设备，而且在使用测量设备时必须也要按照相关的规定规范来进行操作。四是，对施工的现场周围的建筑物进行施工放样。五是，在施工完成后对施工结束的建筑物进行整体的变形监测测量。

（二）测量技术的整体要求

建筑施工是一个复杂并且时间较长的一个工程，在施工进行中有很多烦琐的工作要执行，为了保证整体施工的完成质量，需要相关人员严格遵守相应的规范来开展工作，保证采取的数据的精准性。而且还必须严格地按照施工前所规划的方案来进行施工放样，保证所施工建筑的位置和尺寸满足于设计的要求。因为整体的施工流程较为复杂，管理人员应当将各个环节进行衔接，保证施工能够顺利、快速、有效地进行。

三、针对测量技术在建筑工程施工中的重要作用进行分析

（一）测量仪器

测量仪器的正确使用和选择对测量工程的整体质量有着莫大的关系。不论是将地形按照比例进行缩小然后绘制到地图上的测定工作，还是将已经设计好的建筑物和构建物的地理位置以及所建设的位置进行标定处理的测设工作，都是需要先进的测绘仪器的。随着科学技术的不断进步，目前施工工程所使用的测绘仪器有水准仪、光学经纬仪、全站仪等，这些先进的测绘设备可以用来测量地面的高程、角度、距离等。一般情况下在进行测量工作时，都是要进行多次的测量才能保证整体的数据准确性。

（二）对建筑物的施工放样的帮助

是将图纸上所规划好的建筑物的平面位置和构筑物的实地作为参考依据这类工作被称为施工放样。需要施工人员按照整体放样后的结果来对周围的土方进行挖掘、混凝土浇筑等其他工作。如果出现放样错误，那么就会导致施工的整体出现问题，会给企业带来巨大的经济损失，减少企业在市场上的利益收益。

（三）提升工程的变形监测程度

变形监测是对监测的建筑进行定期的测量，保证建筑物整体的空间位置随时间的变化特征的测量工作。建筑工程的变形监测对建筑物整体的质量和安全起着重要的作用。其可以有效保证建筑物的质量以及安全性能。其通过对监测建筑物有关的地质构造，分析收集的数据，可以及时发现整体的异常情况，可以在问题发生之前就做出准确的判断。

综上所述，测量技术对建筑工程的帮助是巨大的，测绘工程的整体质量会对建筑工程的施工建筑的质量产生一定的影响，因此，测绘技术在以后的发展与创新对建筑行业的持续发展起着极大的重要作用。目前在建筑工程的施工中需要根据整体工程的实际情况来选择相应的测量仪器以及方法，然后对建筑工程的地形图进行绘制、施工放样和变形监测。使得建筑工程的设计环节、建设施工以及整体的运行管理可以顺利地进行，促进建筑工程施工的整体效率以及整体施工后的质量，促进国内建筑行业的持续稳定发展。

第四节 精度控制在建筑工程测量技术中的应用

测量工作是建筑工程施工的基础环节，保证测量精度对提升建筑施工质量和整体安全也有很大帮助。但是由于建筑工程施工现场环境复杂，影响测量精度的因素较多，例如测量工具故障、测量方法不当等。因此，加强工程测量中精度控制就显得十分必要。本节首先概述了建筑工程测量工作中进行精度控制的重要价值，随后就具体的精度控制策略和主要技术进行了简要分析。

一、建筑工程测量中精度控制的价值分析

（一）提高设计方案的参考价值

建筑工程的设计方案，能够为施工建设工作的高质量开展提供必要的参考，在前期的工程测量中，严格执行精度控制标准，将测量误差控制在允许范围之内，可以在一定程度上体现出设计方案的严谨性。例如，在老城区改造中，通过提前开展高精度的测量工作，可以明确哪些建筑物需要拆除，哪些管线需要改道，这样一方面是为后期建筑工程的施工创造了良好条件，保证了工程进度，另一方面也可以降低工程成本，对维护施工单位经济利益也有积极帮助。反之，如果精度控制不到位，很有可能导致一些原本不需要拆除的建筑被拆除，由此给施工单位带来了额外的经济损失。

（二）提高现场施工质量

工程测量结果能够为现场施工的开展提供必要的数据参考，对施工质量也有直接影响。例如，现代建筑中高层、超高层建筑的比例越来越高，这些建筑由于自重大，对地基承载力有更高的要求。通过提前进行工程测量和精度控制，可以计算出满足建筑稳定性的地基承载力，这样在施工阶段就可以优化建筑地基施工质量，避免了后期因为承载力不足而出现不均匀沉降的问题。另外，工程测量还贯穿于建筑施工的各个环节，作为一种建筑工程施工质量的监测手段，在测量中严格进行精度控制，也有助于提高建筑施工质量。

（三）方便后期建筑运维管理

建筑工程顺利交付验收后，还需要定期进行维护和管理，而工程测量则能够为建筑定期运维管理提供必要的参考。特别是对于地质条件复杂区域的建筑工程，后期容易因为地质灾害等问题，给建筑使用安全带来潜在的威胁。通过严格控制工程测量精度，还可以通过测量数据及时地反映出当前建筑工程的质量隐患，从而为工作人员开展定向的养护工作提供了必要的参考。

二、建筑工程测量中精度控制的具体策略

（一）制定工程测量的各项管理制度

结合以往的测量工作经验，导致测量结果存在较大误差的原因主要有以下几种情况：其一是为进行测量工具检查，因为仪器、设备故障导致测量结果失准；其二是工作人员未按照标准进行测量操作，导致结果误差较大；其三是在测量数据记录中填写错误。针对这些常见的问题，都可以通过建立一套完善的管理制度来避免。测量部门通过出台完善的测量工作制度，对测量步骤、技术要求等进行明确的说明，并且安排一名经验丰富的人员进行测量监督，确保整个测量工作按部就班的开展。

（二）重视信息技术在工程测量中的应用

信息技术和自动化设备的应用，也是提高建筑工程测量精度的一种有效方法。近年来，许多高精度、智能化的测量工具在建筑工程测量作业中得到了推广应用，能够自动获取测量数据，极大地提高了测量工作效率。同时，利用计算机上的办公软件，还能够对这些测量数据进行自动的筛选、处理，剔除明显失真的数据，保证最终测量结果的精度。

（三）做好测量数据的复核与记录

单次测量中，由于操作不当或设备故障，很有可能出现测量数据不准确的情况，这就需要建筑工程测量中，对于同一数据或同一目标，至少要进行3次测量，获得三组数据，通过对比，在剔除有明显误差的数据后，采用平均值法获取高精度的测量结果。

（四）尝试运用多种测量技术

现阶段建筑工程测量中所用的技术手段有多种，常用的有 GPS 技术、RTK 技术以及数字摄影技术等，不同技术的适用范围、测量操作方法等均存在较大差异。如果对建筑工程测量结果精度有要求，或是现场条件允许，施工单位应当尝试至少运用两种测量方法，对统一目标进行测量。然后对比两组测量结果，如果误差不大，则说明测量精度满足要求，可以从中任意选取一组测量数据作为建筑工程设计与施工的参考。反之，如果两次测量结果误差较大，则需要重新检查是否测量流程出现问题，或是重新进行测量，进行精度控制。

三、建筑工程测量中精度控制的主要技术

（一）GPS 技术

GPS 测量技术具有较高的精确度以及稳定性能，因此得出的数据更加的精确。近些年来也有人开始将其应用于建筑测量中，通过静态测量与动态测量两种方式来获得更加精确的三维坐标值。而我国自主研发的北斗卫星系统在不断地研发和实践中也获得了很大的进步，相较于 GPS 系统，它在建筑测量中的引用方式更加多样，同时具有多种测量的手段。

（二）GIS 技术

GIS 技术是一种利用电子地图来展示空间数据的方式，将信息数据、计算机系统以及遥感技术等先进的技术方式综合起来，得出更加精确的测量数据。除此之外，GIS 技术还能够配合 BIM 等，依托测量数量构建起建筑三维模型，这样还可以更加直观地体现出建筑工程各个部分的详细信息，对提高建筑工程施工质量有较大的帮助。

（三）数字摄影技术

这种测量方式所使用的原理在于它是借助摄影技术以及数字影像技术进行相互融合的一种新型技术方式。同时应用内容不仅仅包括影像处理还有计算机技术以及模式识别等不

同的内容。这种测量方式能够借助航拍手段来完成较大面积的目标测量，在获取数据的同时可以提供相应的影像内容。随着这一技术的发展，能够更好地推动数字摄影技术的不断进步，使摄影测量的技术方式不断地向数字化以及自动化的领域迈进。

现阶段建筑行业竞争激烈，保证建筑工程整体质量既是维护施工单位自身效益也是提高市场竞争力的必要举措。测量工作是建筑工程施工的基础环节，通过控制测量精度，为制定施工方案和进行质量监督提供了必要的数据参考，成为关系到建筑整体质量的重要因素。施工单位除了要选用数字化、智能化测量技术外，还要注重测量制度的建设、人员素质的培训等，采取综合措施提高测量精度，满足施工建设要求。

第五节　GPS测绘技术在建筑工程测量中的应用

目前，GPS测量技术被广泛应用于技术领域。了解GPS测量技术的技术特点和应用方法对建筑工程的发展具有重要意义。本节简要介绍了测量技术中GPS测量的特征，类别和应用。

随着中国经济水平的快速发展和人民生活水平的提高，中国基础设施建设水平呈现出快速发展的趋势，更多的房屋、桥梁、道路等工程建设技术发生了非常复杂的变化。这些工程设计及建设技术的实施和发展使得各方面的技术也迅速发展，特别是工程师使用GPS使测量技术变得更加精准。

一、GPS技术概述

GPS技术是二十世纪开发的全球定位跟踪技术。GPS可以为建筑师提供空间、时间和地理信息，并具有简单的操作功能。在信息技术领域，它已成为技术研究和制图的重要组成部分。从狭义上讲，GPS是一种在美国开发的GPS系统，由24颗高20,000公里的卫星组成，您可以随时运行大约六个轨道并为用户提供服务区域准确性，高精度数据的位置和精度在1米以内，GPS可以计算用户的速度和轨迹分析。

GPS技术有五大优势。第一，它非常稳定，它不受自然或天气影响，不受空间限制。您可以准确、多维地为用户定义点。第二，您可以快速播放和同步以及固定播放点和跟踪预测。第三，具有自我完善功能，工程大地测量和制图工作，以及其他领域都有所运用。第四，具有广泛的服务，根据这一计算规则，GPS系统只需要24颗卫星覆盖全球，服务部门覆盖全球95,010个区域。第五，定位规则不要求用户识别固定在特定位置的对象并且位置系统移动，用户可以通过任意移动快速提取数据。GPS系统还包括多个定位系统，如伽利略和北斗。

二、GPS 技术应用在建筑工程测绘的优势

（一）观测时间短

如果使用 GPS 监视施工项目，则可以将控制网络配置而使用快速静态定位方法，通过这个方法可以减少每个观察点和观察结果所花费的时间。

（二）测绘精度高

GPS 技术可以提供三维坐标，可以为建筑项目指定。目前，双频 GPS 接收终端常用于建筑工程研究领域，因为双频接收器的分辨率比较高。例如，红外线和光学仪器，具有提高精度的优点。GPS 技术具有广泛的工作范围，与传统图像相比具有许多优势。

（三）操作简便，人力投入低

由于高水平的 GPS 自动化，目前使用的大多数 GPS 接收器尺寸较小，一些测量员可以自由移动进行观察和处理，自动 GPS 处理完成地图和控制点以及数据处理和坐标计算，通常，控制人员确保设备处于正常运行状态。

（四）操作简便，人力投入低

由于施工设备的复杂绘图环境，地形和气候等外部因素对现有的成像和绘图方法产生了强烈的影响。因此，GPS 提供全天候和越野技术的优点。即使记录和绘图的高度有高或有低，但 GPS 技术的整体适应性很强，在困难的地形中，可以执行正常操作，同时保持准确性。因此，GPS 不仅在映射和设定点实用，还解决了限制现有仪器上固定点设置的问题。

三、GPS 测量技术的分类

（一）静态相对定位

静态定位技术在静态测量点的多个接收器的情况下处理信息，并通过处理卫星定位系统中的测量点的位置信息来计算关于测量点的空间数据的信息。最后，如果你知道一个点的位置，这意味着它用于获取，你可以获得有关其他点位置的信息。由于静态定位技术的高精度，它经常用于测量技术。

（二）动态相对定位技术

动态相对定位技术是指使用 GPS 技术测量运动物体的位置，速度，加速度和时间参数。通过安装用于移动物体的 GPS 收发器，您可以在通过卫星移动到 GPS 卫星定位系统的同时获取运动数据。与静态相对定位技术的不同之处在于，需要在测量物上安装用于动态相对定位技术的 GPS 信号收发器。

（三）RTK 技术

在 RTK 技术出现之前，相位差技术是目前中国最广泛使用的 GPS 技术。它经常用于地图制作和点测量等领域。RTK 技术易于使用和管理，只需要一个人就可操作，终端可以测量地面上测量点的空间信息，坐标信息可以用于测量目标点，测量的空间信息可以使用软件转换为地形图。

四、GPS 测绘技术在建筑工程测量中的应用

从二十世纪到今天所开发的全球定位系统已有悠久的历史，它可以为无差错测量员提供空间、时间和地理信息，并具有简单的操作功能。它已成为建筑，大地测量和测绘的一个组成部分。GPS 跟踪系统有效监控建筑物的基础，确定员工的位置和布局，调查、纠正地图数据，为用户提供三维地图，并清楚地了解情况实时监控。

（一）确定测量参数

施工设备的测量精度是确保施工质量的先决条件。首先，GPS 技术可以提高测量的准确性和质量以及建筑设计的质量。其次，GPS 技术允许您监控整个建筑项目的进度并转换设计结果，测试设计细节是否符合项目要求。最后，其他建筑项目还有其他测量设计，可以将项目使用 GPS 来自动调整，以提高施工项目的准确性，接收器配置为提高监视网络的准确性。在测量期间，观察时间的选择可以基于卫星观察时间和确定最佳观察时间的适当位置。

（二）观测选址

科学合理的观测点可以显著提高 GPS 控制网络的准确性。您可以优化所选点的位置，提高 GPS 观测的效果。因此，测绘选点非常重要。首先，在选择点 T 选择具有宽视角的位置，以避免暴露于外物，选择选择点时，请远离电磁源，以避免电磁源的干扰。其次，所选点的位置便于设备的安装和存储，提高原点的利用率，减少了使用适当的 GPS 位置的后续探头的数量。

（三）测量外业实施

在使用 GPS 技术进行地质和地理野外工作时，仪器必须按照测量设计指南进行操作。测量任务必须在指定的测量位置和实际部分完成，可以通过确定静态相对位置的方式来观察施工项目的控制措施，控制级别用于定义卫星仰角，采样间隔和测量周期。使用 GPS 监控技术时，请注意工作的个人物品，对于现场实施，有必要仔细监测 GPS 仪器的运行状况，以确保 GPS 观测的质量。

总的来说，目前建筑技术的发展非常快，现有的测绘方法已经不能满足测量的要求，测绘 GPS 技术可以提高测绘效率，保证测绘精度。该技术得到了许多测量人员的认可，可用于更多的建筑研究。

第六节 数字化测绘技术在建筑工程测量中的应用

随着科学技术的迅速发展，数字化测绘技术的应用愈来愈广泛。在建筑工程测量中，数字化测量技术发挥着积极作用，弥补了传统测绘中的不足，保障了建筑工程测量的质量。基于此，本节先对传统测绘技术的不足及数字化测绘技术的特点加以阐述，然后就数字化测绘技术的应用优势进行分析，最后探究数字化测绘技术在工程测量中的应用要点。希望能通过此次理论研究，为数字化测绘技术的实际操作提供参考。

一、传统测绘技术的不足及数字化测绘技术

传统的测绘工具和设备基本都是以手动化的标尺为主，通过平板仪及钢尺对测量目标地点进行测量，然后用数学运算按一定比例进行折合，再借助比例尺在图纸上绘制出平面图形。该技术适用于面积相对较小、地形结构相对简单的地形勘测。除了这种最基础的测绘方式外，传统测绘技术还改进研发了其他几种测绘方式，如运用经纬仪设备计算出角度进行测量，其将难以测量的部分转变成另一形式来进行测量。但是这些改进后的测绘方式让具有传统测绘方式的特征，在对一些比较复杂的山地地形的勘测上仍有较大难度。

随着科学技术的发展，测绘技术不断进步，数字化测绘技术逐渐在测绘领域得到广泛应用。数字化测绘技术和传统测绘技术具有本质上的不同，数字化测绘技术的应用范围更为广泛，测量的质量也能得到有效控制。主要包括以下几方面技术。

第一，全站仪测绘技术。全站仪，即全站型电子测距仪，是一种集光、机、电为一体的高技术测量仪器，是集水平角、垂直角、距离（斜距、平距）、高差测量功能于一体的测绘仪器系统。在数字化测绘技术中，全站仪应用比较广泛。其自身带有数据存储功能，能将测量中的数据保存下来，且具有双向通讯传输功能，不仅能接收计算机指令信号，还能传送自身存储的数据。

第二，3S 测绘技术。数字化测绘技术中的 3S 技术也是应用也比较广泛的。这一测绘技术的应用促进了数字化测绘技术领域发展。3S 技术是遥感技术（Remote Sens□ing，RS）、地理信息系统（Geography Informationsystems，GIS）和全球定位系统（Global Positioning Systems，GPS）的统称。其中，遥感技术是应用各种传感仪器对远距离目标所辐射和反射的电磁波信息进行收集、处理，并最后成像，从而对地面各种景物进行探测和识别。这一测绘技术的数据收集分析优势比较突出，获取信息的时间短，成像能力比较突出。GPS 即全球定位系统，是一种依托卫星导航实现定位的系统。地理信息系统能对不同地理环境空间数据分析处理，保障数据信息的精确完善。

二、数字化测绘技术的优势

（一）自动化

在利用数字化测绘技术时，结合计算机技术，能提高测绘的自动化水平。此外，还能有效实现软件自动化计算及图示符号自动选择和识别，从而保障地形图的精确及美观。数字化测绘技术的运用，大大降低了人为因素造成的误差，也提高了作业自动化程度。

（二）结果精度高

在数字化测绘技术的实际应用过程中，其测量结果精度高的优势也比较突出。数字化测绘技术能实现系统数据信息的准确收集，作业现场自动采集信息，并能对测绘目标建立三维坐标，自动存储测量信息。数字化测绘技术的运用能有效保障地图测绘的精度。和传统的测绘技术相比，数字化的测绘技术能让地图测绘的误差尽可能减少，让精确度发生质的飞越。

（三）测量程序简化

与传统测绘技术相比，数字化测绘技术在测量的程序上被简化，使效率大大提高。目前，数字化测绘仪呈现出多样化发展趋势，市场上的数字化测绘仪都是全自动化的，所以在实际测绘中不受时间及空间因素的限制，能利用数字化测绘技术对人不方便到的地方进行测绘，并且能在夜晚使用。

三、数字化测绘技术在建筑工程测量中的应用要点

将数字化测试技术应用于建筑工程测量，在多方面都能发挥积极作用。在建筑工程测量过程中，要结合地理位置，通过数字化测绘技术的运用来有效提高测量质量。

将数字化测绘技术应用于建筑工程测量工作中，需要掌握好技术应用的要点，这样才能提高测量的整体质量。数字化测绘技术应用过程中，对地理信息技术的应用是比较关键的。该测绘技术涉及多种学科，如管理科学及信息科学等。地理信息技术是独立成熟的科学，在测绘及环境监测和地质矿产等领域都得到了广泛应用。在地理信息技术和数据库技术及全数字摄影测量技术的协调配合下，就能为测量工程提供专业信息数据服务，能保障测绘的精确度。

目前，数字测绘技术中的地面数字测图应用比较广泛，尤其在一些大比例的地形测绘工程中应用比较广泛。需要注意的是，地面数字测图和全球定位系统测绘要结合应用。此外，应用数字栅格测绘地形图的过程中，也能发挥其积极作用。这一测绘技术的应用比较适合投资经费比较紧张的情况。

摄影测量技术是数字化测绘技术中的关键技术，在对这一技术的应用过程中也要把握好要点。该测绘技术的应用主要是采用高精度摄影测量仪器进行工程测绘的，这一技术和

计算机技术紧密结合起来，使测量结果通过三维空间加以展示，从而为建筑工程提供全面详细的测绘信息。使用摄影测量技术，不需要接触物体，可以有效减少外业工作量，而且能够有效保证测量的精度和准确度都达到一个较高水平，适用性较强。摄影测量技术适用于大规模地形测绘及长距离通信工程测绘。

在建筑工程测量工作的实施过程中，数字化测绘技术的运用是保障其测量质量的关键。无论是当前还是未来的发展中，建筑工程测量中，数字化测绘技术的应用都发挥着重要作用。

参考文献

[1] 赵志勇. 浅谈建筑电气工程施工中的漏电保护技术 [J]. 科技视界, 2017(26): 74-75.

[2] 麻志铭. 建筑电气工程施工中的漏电保护技术分析 [J]. 工程技术研究, 2016(05): 39+59.

[3] 范姗姗. 建筑电气工程施工管理及质量控制 [J]. 住宅与房地产, 2016(15): 179.

[4] 王新宇. 建筑电气工程施工中的漏电保护技术应用研究 [J]. 科技风, 2017(17): 108.

[5] 李小军. 关于建筑电气工程施工中的漏电保护技术探讨 [J]. 城市建筑, 2016(14): 144.

[6] 李宏明. 智能化技术在建筑电气工程中的应用研究 [J]. 绿色环保建材, 2017（01）: 132.

[7] 谢国明, 杨其. 浅析建筑电气工程智能化技术的应用现状及优化措施 [J]. 智能城市, 2017（02）: 96.

[8] 孙华建. 论述建筑电气工程中智能化技术研究 [J]. 建筑知识, 2017, (12).

[9] 王坤. 建筑电气工程中智能化技术的运用研究 [J]. 机电信息, 2017, (03).

[10] 沈万龙, 王海成. 建筑电气消防设计若干问题探讨 [J]. 科技资讯, 2006(17).

[11] 林伟. 建筑电气消防设计应该注意的问题探讨 [J]. 科技信息 (学术研究), 2008(09).

[12] 张晨光, 吴春扬. 建筑电气火灾原因分析及防范措施探讨 [J]. 科技创新导报, 2009(36).

[13] 薛国峰. 建筑中电气线路的火灾及其防范 [J]. 中国新技术新产品, 2009(24).

[14] 陈永赞. 浅谈商场电气防火 [J]. 云南消防, 2003(11).

[15] 周韵. 生产调度中心的建筑节能与智能化设计分析——以南方某通信生产调度中心大楼为例 [J]. 通讯世界, 2019, 26(8): 54-55.

[16] 杨吴寒, 葛运, 刘楚婕, 张启菊. 夏热冬冷地区智能化建筑外遮阳技术探究——以南京市为例 [J]. 绿色科技, 2019, 22(12): 213-215.

[17] 郑玉婷. 装配式建筑可持续发展评价研究 [D]. 西安: 西安建筑科技大学, 2018.

[18] 王存震. 建筑智能化系统集成研究设计与实现 [J]. 河南建材, 2016（1）: 109-

110.

[19] 焦树志.建筑智能化系统集成研究设计与实现[J].工业设计,2016(2):63-64.

[20]陈明,应丹红.智能建筑系统集成的设计与实现[J].智能建筑与城市信息,2014(7):70-72.